啤酒酿造
技术译丛

麦　芽
啤酒酿造制麦指南

[美]约翰·马利特 ◎著

杨智　贾巍　杨平 ◎主译

U0219752

中国轻工业出版社

图书在版编目（CIP）数据

麦芽：啤酒酿造制麦指南 /（美）约翰·马利特著；杨智，
贾巍，杨平主译.—北京：中国轻工业出版社，2023.7
（啤酒酿造技术译丛）
ISBN 978-7-5184-2313-2

Ⅰ. ① 麦… Ⅱ. ① 约… ② 杨… ③ 贾… ④ 杨… Ⅲ. ① 啤酒酿
造—基本知识 Ⅳ. ① TS262.5

中国版本图书馆CIP数据核字（2018）第275391号

策划编辑：江　娟　　责任终审：唐是雯　　整体设计：锋尚设计
责任编辑：江　娟　　责任校对：吴大朋　　责任监印：张京华

出版发行：中国轻工业出版社（北京东长安街6号，邮编：100740）
印　　刷：三河市万龙印装有限公司
经　　销：各地新华书店
版　　次：2023年7月第1版第3次印刷
开　　本：720×1000　1/16　印张：15.75
字　　数：250千字
书　　号：ISBN 978-7-5184-2313-2　定价：80.00元
邮购电话：010-65241695
发行电话：010-85119835　传真：85113293
网　　址：http：//www.chlip.com.cn
Email：club@chlip.com.cn
如发现图书残缺请与我社邮购联系调换
231067K1C103ZYQ

安益达—啤酒酿造技术译丛
翻译委员会

主　　任：马长伟（中国农业大学）

副主任：张　炜（安益达商贸有限公司）

　　　　杨江科（武汉轻工大学）

　　　　李知洪（安琪酵母股份有限公司）

　　　　崔云前（齐鲁工业大学）

　　　　杨　智（广东粤海永顺泰麦芽有限公司）

成　　员：（按姓氏拼音顺序排列）

　　　　郭　凯（加拿大拉曼公司）

　　　　贾　巍（啤酒爱好者）

　　　　靳雅帅（中国轻工业出版社有限公司）

　　　　刘玲彦（安琪酵母股份有限公司）

　　　　许引虎（安琪酵母股份有限公司）

　　　　杨　平（中国农业科学院）

　　　　杨　禹（北京师范大学）

　　　　张宝龙（北京七叶香山餐饮有限公司）

　　　　庄仲荫（美国雅基玛酒花有限公司）

《麦芽——啤酒酿造制麦指南》
翻译委员会

主　译：杨　智（广东粤海永顺泰麦芽有限公司）

　　　　贾　巍（啤酒爱好者）

　　　　杨　平（中国农业科学院）

参　译：胡淑敏

　　　　靳雅帅（中国轻工业出版社有限公司）

总序

中国是世界上生产啤酒最多的国家，像很多行业一样，我国啤酒行业正在朝着既大又强转变，世界领先的管理技术指标不断在行业呈现，为我国啤酒产业进一步高质量发展奠定了良好基础。

啤酒是大众喜爱的低酒精度饮料，除了大型啤酒企业外，高规格的中小型啤酒企业和众多的"啤酒发烧友"也正在助力着行业的发展。这一切为能够更好地满足人们日益增长的物质及文化需求做出了贡献，也符合未来啤酒消费需求的发展方向。

啤酒酿造是技术与艺术的结合。在相关酿造理论的指导下，通过实践，不断总结，才能在啤酒酿造上越做越好。这套由美国BA（Brewers Association）出版社组织编写的啤酒酿造技术丛书，由《水》《酒花》《麦芽》和《酵母》四册组成，从历史文化、酿造原理、工艺技术、产业动态等多维度进行了深入介绍。《酒花》的作者是著名行业作家；《酵母》的作者是美国知名酵母公司White Labs的创始人兼CEO，联合作者曾多次获得美国家酿大奖；《麦芽》的作者则在美国一家著名的"craft beer"啤酒厂负责生产；《水》的作者是美国家酿老手。这套丛书的作者们从啤酒酿造的主要原料入手，知识深入到了整个酿造过程。丛书中没有过多介绍关于啤酒酿造方面的理论知识，而是为了满足酿酒师的实际需要，尽可能提供详尽的操作指南，对技术深度的把握应该说是恰到好处。

他山之石，可以攻玉。为了更好地满足啤酒行业对酿造知识日益增长的需求，由马长伟教授和酿酒师张炜先生负责（二位分别担任翻译委员会正、副主任）组织了由高等院校、科研机构和行业企业的专业人员构成的翻译团队，除了食品和发酵工程外，还有大麦育种和水处理等专业的专家学者加入，保证了丛书的翻译质量。他们精心组织，认真工作，不辞辛苦，反复斟酌，把这样一套可读性强、适用范围广的专业科技丛书贡献给了行业，在此，我衷心感谢他们的付出和贡献，向他们致敬。

我相信，这套译丛的出版一定会对国内啤酒行业的技术发展产生推动作用。

张五九

2019年3月

译者序

　　品质优异的啤酒具有醇香的风味和丰富细腻的口感，而在享受啤酒本身带给我们感官上的欢愉之外，我们更感兴趣的是啤酒的前世今生以及蕴含在啤酒中的多样性文化。《麦芽》作为"啤酒酿造技术译丛"中的一册，从大麦的历史渊源出发，系统地描述了麦芽的分类、制麦工艺、质量指标直至酿造使用的全过程，带领读者穿越历史长河，探索麦芽是怎样塑造了如此多样而各具特色的啤酒。

　　啤酒行业有句话："麦芽是啤酒的灵魂"。想要用精炼的语句去描述灵魂是一件很困难的事，尤其是不同文化背景下的人们对抽象概念的理解更是千差万别。这是本书的译者在接到任务后的第一反应。不过，基于对啤酒事业的热爱，也源于对技术的执着，即使前途充满荆棘，我们毅然承担起这份责任，只为一个目标：希望更多的人能够热爱啤酒，在酿造过程中感受到快乐。

　　不同于一般专业书籍的晦涩难懂，本书内容翔实且富有趣味，阅读起来流畅自如，让人有意犹未尽之感。本书使读者能够从麦芽的视角感悟啤酒的多元化，加深对大麦、麦芽以及酿造艺术的理解。从自酿爱好者到专业人员都可以从中找到自己所需要的知识或灵感。此外，全面的技术内容和计算公式使得本书又不失为一本绝佳的工具书，非常适合啤酒酿造专业人员和啤酒爱好者阅读和使用。

　　本书的翻译团队既有中国农业大学和中国农业科学院的专家学者，又有广东粤海永顺泰麦芽有限公司等企业的专业技术骨干，再加上啤酒界的资深爱好者，使得本书的译文风格兼具严谨和活泼的特点。

由于译者外语水平和专业知识有限，翻译中难免有错误和纰漏之处，承蒙各位读者在使用过程中不吝指正，以便我们将来再版时修订。

译者
2019年3月

目录

致谢

　　写书对有拖延症的我来说是个挑战，我是一个效率不高的作者，常常因为琐事而分心。我之所以这么说，是因为如果没有我的出版商——克里斯蒂·斯微泽（Kristi Switzer）无比的耐心，不断地鼓励和督促，这本书将不会如此顺利地完成。在过去的两年间，每当我写作不畅的时候，斯微泽女士总是能给我灵感。很多时候，工作和家庭上的压力常常使我喘不过气，因此我不得不推迟写作计划，但斯微泽女士总是能在我特别需要鼓励和支持的时候出现，给我提供各种资源，使我的写作步入正轨。

　　斯微泽女士还向我推荐了约翰·帕尔默（John Palmer）先生，以帮助我对本书的内容进行把关。约翰先生是一位非常专业的编辑，他无私地帮助我对本书的部分章节进行梳理，在此对他表达衷心的感谢。此外还有本书的另一位技术编辑——乔·赫特里奇（Joe Hertrich）先生，他在麦芽领域具有多年的工作经验，他是一个很无私的人，乐于和我分享他的知识和经验，我对他给予的指导和宝贵建议非常感激。同样感谢奥利佛·格雷（Oliver Gray）对本书文字的编辑，以及伊安·考克斯（Iain Cox）先生在关键时刻的指导。

　　贝尔斯（Bell's）酒厂大家庭——拉瑞（Larry）、劳拉（Laura）以及全体员工，感谢你们这些年来的全力支持，很高兴和你们共事。你们对我的支持让我得以专注于大麦和麦芽研究工作，然后我才有可能写出本书。在此要特别感谢贝尔斯酒厂的麦芽研究团队：艾德·鲁博（Ed Ruble），安迪·法瑞尔（Andy Farrell），安德鲁·科灵（Andrew Koehring），以及瑞克·戴灵格（Rik Dellinger）。你们是最棒的！

峡谷麦芽（Valley Malt）的安德里亚·斯坦利（Andrea Stanley）女士给我提供了很多非常棒的资源。作为一个麦芽历史方面的专家，斯坦利女士同她的丈夫克里斯蒂安（Christian）先生一起帮忙重现了美国小规模麦芽制备的场景。他们二人对麦芽的热情无与伦比，很高兴认识他们并同他们共事。

这本书的完成过程简直像是一场梦。在此期间我有机会接触到一群聪明且富有激情的人，他们给出了宝贵的见解，在此一并感谢（排名不分先后）：麦克·特瓦德，戴夫·托马斯，克里斯·斯沃塞，马特·布莱尼森，珍妮弗·塔利，韦恩·旺博斯，乔纳森·卡特勒，汤姆·尼尔森，帕特·海斯，保罗·史瓦茨，布鲁诺·瓦洪，戴夫·库斯科，约翰·哈里斯，彼得·辛普森，苏珊·威尔驰，玛丽-简·毛瑞思，比尔·旺比，阿列克·穆尔，乔·肖特，克莱·卡兹，阿历克斯·史密斯，麦克·戴维斯，斯科特·黑赛尔，肖恩·帕克斯顿，伊万·德贝茨，丹·卡雷，哥顿·斯壮，斯科特·多什，布雷特·曼宁·凡·哈威格，杰斯·马蒂，艾瑞克·托弗特（Mike Turnwald, Dave Thomas, Chris Swersey, Matt Brynildson, Jennifer Talley, Wayne Wambles, Jonathan Cutler, Tom Nielson, Pat Hayes, Paul Schwarz, Bruno Vachon, Dave Kuske, John Harris, Peter Simpson, Susan Welch, Mary-Jane Maurice, Bill Wamby, Alec Mull, Joe Short, Clay Karz, Alex Smith, Mike Davis, Scott Heisel, Sean Paxton, Yvan de Baets, Dan Carey, Gordon Strong, Scott Dorsch, Bret Manning Van Havig, Jace Marti, Eric Toft）。

此外，还有一些从未谋面的人也为本书提供了帮助和灵感，他们写出了关于麦芽的优秀著作，尤其是丹尼斯·布瑞格（Dennis Briggs）先生和H. 斯托普（H. Stopes）先生（《麦芽和制麦》（*Malt and Malting*）的作者），非常感谢他们。

最后再次感谢所有人，感谢和你们共事的愉快时光。

约翰·马利特(John Mallett)

序

　　几十年来，约翰·马利特和我的职业生涯就像麦芽麻袋的经线和纬线一样交织在一起。我第一次接触约翰（但并未谋面）是在1993年，那时候我在韩国的忠清北道工作，帮助真露–康胜（Jinro–Coors）公司新建的制麦塔试运行（那时我目睹了体重45kg的工人将和身体一样重的当地产大麦扛上投料口，那场面令人震惊）。由于试运行的工作时忙时闲，我利用闲暇时间与杰弗瑞·帕尔默（Geoffrey Palmer）教授合著了几篇关于麦芽的文章，发表在《新酿酒师》（The New Brewer）杂志的1994年三四月刊上。约翰那时候就是《新酿酒师》杂志的技术编辑，因此我的文章也常出现在他的收件箱中。

　　回到美国后，我时不时地会在各种酿酒相关的场合碰到约翰。那时他给科罗拉多和其他地方的一些酒厂做技术支持，我则一直在康胜公司工作，曾在康胜公司遍布世界各地的各个部门——研发部门、制麦部门、酿造部门任职，直到2007年退休。约翰所在的酒厂规模不断扩大，他本人也逐步任职高层，目前是密歇根州卡拉马祖市贝尔斯酒厂的生产总监。贝尔斯酒厂是当地的一家大型精酿啤酒厂，该酒厂自己种植大麦并生产麦芽。约翰还在西贝尔技术学院（Siebel Institute of Technology）任教，同时发表关于酿酒各个方面的技术文章。

　　最近，我们发现对方也在写关于麦芽的书，于是我们又有了交集。我的书《精制麦芽制麦师手册》（The Craft Maltsters' Handbook），近期由白驴（White Mule）出版社（位于美国加利福尼亚州海沃德市）出版。约翰的著作由酿酒商协会（Brewers Association）（位于美国科罗拉多州的博尔得市）出版。我在美国科罗拉多州丹佛市举行的2014届酿酒师大会上碰到了约翰，我问他，我们各自写的书有没有可能出现重复的内容。他痛快地回答："不用担心，你的书是从制麦者的角度写的，我的书是从酿酒师角度写的，两本书互相补充，相得益彰!"他说得很对，确实如此。

约翰论述了麦芽对于酿酒师的重要性。本书中，约翰用通俗易懂的语言详细介绍了麦芽中碳水化合物、糖类、氨基酸、蛋白质和脂类的知识，从而将麦芽在酿造过程中的重要性体现出来。他还在书中完美地解释了美拉德反应研究的历史渊源和其产物的化学组成，以及在焙烤和煮沸过程中焦糖色和风味的产生。约翰从一个酿酒师的视角和经验出发，展示了麦芽在酿酒中的重要性乃至一些令人惊喜的实践应用。本书以一种润物细无声的方式，描述了麦芽的干燥、作用、风味、可发酵和不可发酵浸出物，以及其在酿酒期间会不经意给啤酒带来的影响。就如约翰探讨酿造配方公式一样，有一位约翰曾拜访过的酿酒师就把酿酒过程比作画画，色彩、浓淡、笔画就像麦芽的品质和使用量。还有些酿酒师把自己的配方比作音乐创作，不同的麦芽就像曲谱中的高中低音。

在本书创作过程中，约翰周游世界，走访了很多麦芽厂和啤酒厂，书中他将会把这些旅程展示给我们。在麦芽史部分，约翰会给我们介绍哈利·哈兰（Harry Harlan）——大麦种植界的"印第安纳·琼斯"（译者注：美国传奇探险者）的故事。他还会给我们讲述目前正在进行的探寻下一代"玛丽斯奥特（Maris Otter）"麦芽品种的故事。还有各类基础麦芽和特种麦芽的介绍，以及不同酿酒师对它们的评价。他还分享了自己和其他人多年以来酿酒过程中出现的"惨痛教训"。除了麦芽本身的知识以外，他还介绍了麦芽验收、运输、贮存、称重，以及粉碎的一些常见关注点。这些对麦芽的透彻理解和实践技巧是您在其他麦芽理论课本上找不到的。

20世纪70年代末期，当家酿的先驱者开始将兴趣转移到商业酿造时，比尔·康胜（Bill Coors，康胜公司当时的老板）把我和其他几个同事叫到他的办公室。他告诉我们接下来很可能会有些小型的刚起步的酒厂向我们咨询技术方面的问题，如果他们问，我们应该"坐上飞机去帮助他们"。我们确实也做到了。无论他们什么时候有疑问，我们都会开车去，坐飞机去，或者通过电话解答他们问的所有问题。记得最开始的时候，有个科罗拉多州新成立酒厂的人来我办公室，提着一箱子磨碎的麦芽，问我为什么他们麦芽的浸出率不行。这个问题很好回答，我从箱子里抓起一把碎麦芽，把里面的整粒（old maids）给他看，粉碎后是不应该出现整粒的。我告诉他如何调节粉碎设备，应该达到的筛分比是多少，然后就打发他回去了。这些酿酒师学东西很快，他们不懈努力，至今已经在科罗拉多州酿酒35年了。约翰写这本书也本着同样的精神，慷慨分享他的智慧。酿酒师间互相帮助，即使我们的产品在市场上互相竞争，我们还是要相互学习！

当约翰还在西贝尔技术学院学习的时候，他在威斯康星州希博伊根市的史瑞尔（Schreier）麦芽厂［现在的嘉吉（Cargill）］学到通过"白面包测试法"来检验麦芽厂的卫生情况的方法。这个方法是南非酒厂（SAB）的首席酿酒师米克·史图沃特（Mick Stewart）在多年前审核麦芽厂的时候发明的。检测方法很简单，每个制麦者都应该对自己工厂的卫生条件有足够的信心，要求用一块白面包擦过厂里的任何表面——管线内外、储罐、墙壁——之后都可以放心地咬一口。20世纪80年代早期，当我带米克先生参观完我的麦芽厂后，他说我们厂是为数不多可以通过这个测试的麦芽厂之一。要达到这种级别的卫生环境代价高昂，我们雇用了五个专职员工负责卫生清理。在本书中，约翰探讨了一些简捷和经济的方法来保证各种规模酒厂的麦芽处理和贮存区洁净安全（顺便说一下，米克曾告诉过SAB的包装经理，巴氏消毒后的水要达到可以放心拿来给自己的孩子洗澡的程度）。

约翰承认"大麦不像酒花那样性感"。随便问一个制麦者都会告诉你，酒花吸引力更大一些，因为酒花的味道更容易在啤酒中体现出来。酒花的异构化和香气的产生很容易通过晚投或干投实现，属于简单直接的物理化学反应过程，没有过于复杂的生物或生化反应过程（除了酒花在啤酒中的抗菌效果）。

这种直接的"加料出香"模式使得酒花很容易被酿酒师和消费者注意到并了解。大家都会添加酒花，却很少有人去制麦芽。

　　制麦要复杂得多，必须经过许多道精细的工序，包括确保大麦籽粒的胚在采收前、采收时和采收后的生物活性；浸麦和发芽阶段的长势旺盛，均一，生长健康；焙烤阶段产生诸如饼干、坚果、太妃糖、香草、焦糖、咖啡、焙烤、焦煳以及麦芽的香味；麦芽还为酿酒提供所需的100多种酶，这些酶决定了酿造过程的发酵性能、酒精度、色度、口感、风味和泡持性、产量以及最终产品的价值。所有这些元素对于制麦者来说很有吸引力，但是想要对普通大众讲清楚个中奥妙却并不容易。所有这些复杂元素意味着麦芽和制麦对于几乎所有消费者和绝大多数酿酒师（本书读者除外）来说离啤酒太远，以至于他们没有时间和精力，也没有兴趣去钻研。

　　令人遗憾的是，有些酿酒师由于对麦芽知识的不了解，在酿酒过程中主张越过制麦阶段而直接使用没发芽的大麦和酶制剂。多年前，当我在爱丁堡的赫瑞瓦特大学（Heriot-Watt）学习制麦和酿酒的时候，偶尔会和一个英国当地朋友去附近的酒吧喝上一两杯，这个朋友当时是一个大厂的酿酒师。他骄傲地宣称，他所在的酒厂已经成功用未发芽大麦和酶制剂替换了相当比例的麦芽（如果我没记错的话是40%），从而节省了成本。当时我告诉他，如果和其他啤酒做盲品对比的话，我肯定能尝出他们的酒里含有的轻微的生麦味。后来我成功地用事实向他证明了好几次，再后来没过几年，他所在的那个酒厂就倒闭了。这是个真实的故事，为了保护隐私这里就不提他的名字了。

　　在酿造中用未发芽的辅料替代一部分的发芽谷物一直是个争论不休的热门话题。这种尝试是否可以改善啤酒的适饮性、增加利润，或者两者皆可？酿酒师协会（BA）2014年已经更改了他们对精酿啤酒的定义，其中包括"……使用辅料来增强而不是减弱啤酒风味。"使用辅料的利弊本不在本书讨论范围之内，但此话题已经被圈里圈外人讨论了几十年，例如，在1878年10月2日的《丹佛日报》上就有如下一段天真的抨击：

"国会再不采取行动做出补救，将出现巨大的灾难！密尔沃基的一家报纸发表了令人震惊的报道，说那里的啤酒严重掺假，没有用常规的大麦芽和酒花，而是使用了价格便宜的玉米和大米！这么可怕的消息简直令人难以置信！如果美国人民喝不到优质纯净的啤酒，那么生活在共和政府下，花着和黄金等值的钞票又有什么意义呢？希望国会能够立即成立调查委员会前往密尔沃基彻查此事。"

本书将会帮助读者解答疑问，让读者能够深入了解啤酒中最重要的原料——麦芽。约翰说写这本书的根本原因是能够让自己对麦芽有更深的认识。他曾经供职的第一家酒厂是在波士顿，那家酒厂当时使用100%进口英国麦芽，但当时他不知道为什么这么做。经过这么多年的工作和在本书写作过程中的思考，他才明白了这么做的原因，并在书中将其宝贵的经验分享与我们。有些酿酒师在大批次酿造的时候仅仅简单地将他们家酿时候的配方按比例加倍，而有些酿酒师却不仅如此，他们竭力学习，以至于当自然气候变化影响了大麦收成时，或者想要创造出全新风格的啤酒时，可以使用这些理论来帮助自己做出科学的决定。

虽然我比约翰年纪大很多，研究麦芽也比他时间长，他写的这本详尽系统的书还是让我学到了很多新东西，希望你们也从本书中受益。

戴夫·托马斯（Dave Thomas）
啤酒侦探有限责任公司（Beer Sleuth LLC）
科罗拉多州戈尔登市（Golden, Colorado）

引言

　　早在构思本书提纲的时候，我就想好如何开篇了。在露易斯·卡罗尔（Lewis Carroll）的书《爱丽丝漫游仙境》中，国王告诉爱丽丝"从最开始的地方开始，一直读下去，然后就停下来。"关于麦芽的故事，哪里才是最开始的地方呢？是基础化学知识？还是大麦种植的最早记录？对于我来说，这本书最恰当的开头应该要从我第一次接触麦芽讲起。

　　说来也奇怪，我是从奶奶那里认识到麦芽的。她总是有各种各样的糖果，用来奖励乖孙子孙女们。除了用玻璃纸包着的半透明黄色奶油味（后来知道和双乙酰有关）糖果外，奶奶有时候会给我们满满一盘子麦芽糖巧克力球。当我一口咬开牛奶巧克力外壳，藏在里面全然不同的口感和味道就会显现出来。虽然我很喜欢香甜的巧克力外壳，但里面的麦芽糖球有一种更加丰富的味道，那种甜不是一下子迸发出来，它甜而不腻，悠悠绵绵，伴着面包和谷物的味道，像歌声一样绕梁三日。

　　八月的罗得岛州热浪阵阵，烈日炎炎，一丝风也没有，热坏了的我们会跳到海里解暑，也会时不时到当地的冰淇淋店（Newport Creamery）点上个甜筒。他家的特色是一个叫"awful awful（可怕，可怕）"的冰淇淋（大得可怕，好吃得可怕），麦芽糖奶昔的味道让我想起了在奶奶家吃过的巧克力球，那是我年少时难以磨灭的美味记忆。

　　我的父亲对于啤酒一直都是敢于尝鲜的。他喜欢尝试不同口味的啤酒，而我喜欢收集啤酒瓶子，这让我俩关系十分融洽。当我渐渐长大，也到了可以和朋友出去喝啤酒的年纪，在市面上眼花缭乱的便宜啤酒里却喝不到当年长辈们喝的啤酒里那种特殊的麦芽香。相比之下，父亲酒柜里充满复杂的谷物香气的啤酒给我留下了深刻的印象。

再后来我独立生活了，搬到了一个合租大房子里，邻居们恰好都是在餐饮业工作的。我的同屋有科班出身的厨师、有高级酒店里的餐饮经理、还有个在波士顿Hampshire House餐厅（1982—1993年情景喜剧"欢乐酒店"的创意来源）地下酒吧的值班经理。我们几个想尽办法找不一样的啤酒喝，20世纪80年代波士顿各商店有来自世界各地的、琳琅满目的啤酒。当我们以研究的名义喝酒的时候，我们还对每款酒的风味特点做了详细的记录，虽然不知道大多数味道的来源，我们至少知道哪些味道是自己喜欢的（多年以后在西贝尔学院接受正规啤酒风味培训的时候我才知道，当年多次记录到的"德国风味"有个学名：严重氧化）。我们自制的酒柜常常装满了好喝的进口爱尔啤酒。一些精酿酒厂的先驱者，比如内华达山脉酒厂（Sierra Nevada）和铁锚蒸汽酒厂（Anchor Steam），将生意扩张到波士顿地区的时候，它们的产品也时不时会成为我们的收藏。那些啤酒不像当时市面流行的美式拉格一样口味淡爽、色度很浅，它们的酒体闪耀着麦芽的光泽，散发出麦芽的香味，我们都很喜欢喝。

这种对啤酒的浓厚兴趣（有人管这叫痴迷）是我最后投身家酿、继而进入波士顿新成立的联邦酒厂工作（开始在后厨，最终进入酿酒间）的重要原因。酒厂酿造的英式啤酒充满了麦芽的香味，是餐厅食物的绝佳搭配。谷物的味道融合进汤里，麦汁的味道融进酱汁，啤酒的味道融进卤水、蒸蚌，甚至甜点里。酒花尽管有突出的风味和香气，却没有喧宾夺主，麦芽仍旧是主角。

麦芽的确很重要；作为酿酒学徒的我在工艺不完善、效率低下的酒厂工作时对麦芽越来越了解。我们酒厂的麦芽是100%进口的英国麦芽，定期会有整货柜的原料到货，需要人工卸到酒厂在农场的库房，然后运到波士顿的酒厂，吊到酒厂麦芽间的二层，粉碎后再用手推车运到酒厂另一端的投料处。每酿完一批次酒后，我会踩着地下室吱嘎作响的台阶将一袋袋湿热的麦糟扛出去。

酒厂的波特、英式苦啤、世涛酿造配方使用了不同的麦芽及比例，这些麦芽的外观、香气和味道都很不一样。那时候我知道这些麦芽都是由相同的大麦通过加工变成带有不同色度、不同的香味、可给啤酒带来不同口感的麦芽，以用作不同风格啤酒的酿造，但是我并不知道制麦原理和操作。我觉得假以时日，随着酒厂工作经验的积累，最终我能学会关于麦芽的一切知识。

怀着对酿酒知识的渴望，我进入了西贝尔学院深造。在联邦酒厂的三年工作经验（最终成为管理者）给我打下了很好的基础。我的同学里有来自世界各地大酒厂的老师傅，也有些微型酿酒厂的新手。

我随班级参观了位于威斯康星州希博伊根的史瑞尔（Schreier）麦芽厂（1998年被嘉吉收购）。有几个同学带了据说是酿酒师必备的检查神器：白面包。在酒厂之行之前，有个老师在强调卫生的重要性时说，用白面包去擦一个卫生状况良好的麦芽厂里的任何表面，之后都应该能毫不迟疑地吃掉它。我们这帮人当着亲切主人的面，气势汹汹地拿白面包一顿擦……虽然很好玩但也确实能证明卫生程度，我很庆幸没有麦芽厂的人到我的酒厂干同样的事情。

麦芽厂规模很大，堆积成山的大麦经历了浸麦、发芽和干燥，但参观中令人印象最深刻的是气味。原料大麦闻上去带有干干的、粉尘的味道，用来清洁消毒的漂白剂散发着刺鼻的味道，从发芽箱抓一把绿麦芽，有一种清新和干净的味道——让人很容易联想到黄瓜的清香，而在最后干燥成品阶段的麦芽闻上去有浓郁的饼干香味。

1991年，我执掌弗吉尼亚州的老道明（Old Dominion）酒厂，有机会设计和酿造欧式风格的拉格啤酒。这类型的啤酒需要的麦芽种类和我之前在波士顿用的不一样，美国的基础麦芽表现完全不同的酿造性能，可赋予啤酒截然不同的风味特性。我在老道明酒厂时使用最浅色的美国产麦芽来酿造啤酒，可极大地烘托出酵母或酒花的风味。相反，之前在联邦酒厂使用的淡色爱尔麦芽总是呈现出自身显著的特点，从不会让其他原料抢过自己的风头。

老道明酒厂产能日益增加，随着发展，运输和加工麦芽的能力也日渐增强。酒厂最初采用人工将每袋50磅（约23kg）磨好的麦芽进行投料，后来扩大仓储，转而使用机械化输送和自动称重设备。随着每阶段的扩产，我的知识储备也慢慢积累起来。有些知识来自于认真学习资料和集思广益的讨论，有些知识则来自于生产过程中出现的未遂事故。

　　2001年，我到密歇根州卡拉马祖（Kalamazoo）的贝尔斯酒厂工作。和好多其他的精酿酒厂一样，从那时起，贝尔斯酒厂正飞速发展，我们对各条供应链的认识和投入也随之增加。啤酒产业在不断变化，随着大酒厂不断合并，从公众的谈资中消失了，我们意识到发展中的酒厂必须要加大对原料的科研力度。家酿和精酿啤酒厂的需求其实与现在已经得到的支持和指导有所不同，如果我们希望继续酿造更好的啤酒，我们必须了解供应商面临的微妙挑战。

　　贝尔斯酒厂多年来积极参与美国啤酒大麦协会（AMBA）的活动，见证了协会工作重心慢而稳步向小型酿造倾斜。AMBA积极推广大麦；协调酒厂和麦芽生产厂家的研发工作以及和政府沟通联络工作。协会成员给农民传达统一的大麦品种需求信息，一起集资或分摊投入，给大麦育种和研究人员提供重要的方向性指导。AMBA是一个高效运作的组织，致力于使各方利益相关者之间达成共识。

　　同麦芽协会的合作促使贝尔斯决定在密歇根州种植大麦。过去密歇根州中部曾大规模种植啤酒大麦，后来随着玉米和大豆这些经济作物的兴起，到2000年的时候已经不在州内种植大麦了。我们种大麦的想法是出于好奇，我们感觉如果买个农场开始种植大麦的话，也许能够进一步了解我们的供应商每天要面对的种种现实困难。站在一块真实的田地里，诸如种植和采收决策、病虫害因素、大麦品种选择这些问题都不再是抽象的概念了。我们通过实践学习知识，虽然实践并不总能成功，但这让我们成为了更好的酿酒师。

　　到2013年，我们的大麦年产量达到约400000磅（约181t）。和制麦伙伴多年的合作关系让我们有机会加深对大麦和麦芽的了解。从土壤到大麦、大麦到麦芽、麦芽到麦汁、麦汁到啤酒，最后享用啤酒，这样完整的流程给我们带来喜悦、满足、焦虑和超脱等诸多感受。

随着酒厂不断壮大，我们对麦芽的了解也逐渐加深，时至今日我们仍孜孜不倦。从拉斯塔法里时代在埃塞俄比亚由麦芽启发的陆上探险，到回顾高中化学课上的知识，本书从人类文明的最初到先进的基因工程，深入挖掘关于麦芽的故事。

关于本书

本书第1章介绍了美国大麦研究的先驱者，哈利·哈兰的传奇故事。编写本书之前我从来没有听说过哈利先生，更不知道他对于大麦和麦芽的影响如此深远。

第2章重点介绍了酿酒师如何使用麦芽。虽然也详细介绍了如何通过计算获得达到目标浓度和色度的麦汁，但要酿出一款好酒可不仅仅只是达到一些数字化的目标就够了。麦芽之间微妙的相互作用可不是那么容易就简化成几个数据。本章揭示了一些富有想象力的酿酒师的秘诀。

随着人类文明的一步步发展，那些将大麦转化成可为酿造提供香味、颜色和营养的材料的技术和工具也在不断地发展进步，在许多文化中啤酒（缺不了麦芽）都是很重要的一环。第3章对麦芽的历史进行了概述，并穿插着一些轶事。

正在发芽的大麦，可见麦根

和酿酒一样，因为操作者的目的不同，麦芽制备工艺也可以简单或复杂，但是都包括三个主要阶段：浸麦、发芽、干燥。浸麦是将大麦的水分提高，大麦就会像在田间被春雨浇灌一样开始生长。随之进入发芽阶段，开始长出叶芽和根芽，麦粒内部开始发生变化（见上图）。为了不让刚发出的麦根纠缠在一起，在这个阶段要定期翻麦。发芽阶段之后进入干燥阶段，干燥可以使麦粒停止生长并产生各种独特风味。干燥的初始阶段潮湿的"绿麦芽"随着暖风穿透很容易脱去水分并"凋萎"，干燥的第二阶段会升高温度进行焙烤。在制麦结束的时候，大麦中的淀粉和蛋白质会被溶解，原先十分坚硬的大麦变得更易碎。第4章会详述麦芽的制备过程，以及其中复杂的生物化学和生理学变化。

　　虽然绝大多数谷物的颜色都是浅色的，味道也比较淡，但是通过设置不同的制麦条件、采用其他工艺、甚至是使用其他类别谷物，可以生产出种类繁多的特种麦芽。第5章介绍了五大类特种麦芽的制备和风味特点：高焙焦麦芽，焦糖麦芽，焙烤麦芽、其他谷物麦芽以及特殊工艺麦芽。

　　第6章介绍了与麦芽相关的化学知识。淀粉和蛋白质是大麦的主要成分，在制麦和酿酒过程中它们都经历了一系列分解和转化。大分子淀粉被分解成小分子的糖类，蛋白质也同样分解成小分子的多肽、肽和氨基酸。当氨基酸和糖类被一起加热时，复杂的美拉德反应就会发生，其产物含有丰富的味道和颜色，是麦汁和啤酒中不可或缺的一部分。

　　第7章介绍了麦芽的多样性。原料和工艺的不同使得制麦师可以生产出多种类型的麦芽。麦芽分类和给啤酒按风格分类一样是个难题，例如琥珀色和棕色是不同的，但是具体如何区分每个人都有自己的主观判断。酿酒师也应该充分了解各种麦芽能给啤酒带来的风味和各自的特色。

　　优质麦芽的生产需要高质量的大麦作为原料。大麦颗粒结构复杂而独特。和鸡蛋一样，大麦也有保护性的外壳（麦皮）、胚以及以淀粉形式储存能量的胚乳。不同部位在糖化和酿造过程中起到不同的作用。大麦的品质直接决定了啤酒的品质，因此一个优秀的酿酒师需要了解大麦种植中的挑战和机遇。第8章中的"没有大麦就没有啤酒"可以理解成"了解大麦就了解啤酒"。

大麦的品种很多，虽然都可以制成麦芽，但其中还是有很大区别。不同品种的大麦的蛋白质含量各不相同，因此最终制成的麦芽也受大麦品种影响。很多酿酒师钟情于某种特定的大麦品种，比如流行的玛丽斯奥特大麦。第9章详细介绍了大麦的品种。即使侧重点在逐年变化，大麦的育种和改良工作一直为制麦师和酿酒师提供了最优质的原料。我觉得大麦品种是在麦芽中常常被忽视的方面，了解由不同品种大麦制成的麦芽在酿造过程及啤酒中的表现是很有必要的。

通过分析麦芽，酿酒师可以推测产品的特点，并可通过调整酿造工艺以确保产品口味稳定。第10章介绍了如何解读麦芽分析报告。本书至此读者应该已经熟悉诸如糖化力（DP，糖化酶活力）和游离氨基氮（FAN，可溶性蛋白质定量化指标之一）的概念。麦芽的浸出率（可溶于麦汁的麦芽组分总量）通过密度单位Plato（°P）或比重（SG）即相对密度来表示，这个指标对于酿酒师保证产品品质稳定是很重要的。

第11章从商业酒厂的角度介绍了麦芽的处理和使用。

第12章介绍了麦芽粉碎的原理、实际操作和设备。

本书还穿插介绍了几次我的麦芽厂参观之旅，这些厂规模有大有小，让读者从各个方面了解制麦。这些麦芽厂之旅向读者展示了麦芽生产的基础知识，让读者了解这些世界各地大小麦芽厂仍在使用的工艺，经验丰富的制麦师是如何生产出酿酒师们每天赖以营生的麦芽产品。

当我决定写这本书的时候，只有一个很简单的目标：学到更多有关麦芽的知识。多年的酿酒从业经历让我学到了很多的麦芽知识，但还从未进行过深度系统的研究。写这本书给了我这个机会。终生保持对学习的热情需要多样化的动力，我希望通过我的努力和这本书能激发读者对知识的渴求。

1

第1章
哈利·哈兰（Harry Harlan）大麦寻宝者

通过一条蜿蜒曲折的小径，我来到了卡拉马祖（Kalamazoo，美国密歇根州的一个城市）公共图书馆的地下室。此行是为了更多地了解埃塞俄比亚的情况。虽然只是走过一段楼梯，但我却思绪万千，伴随着对于大麦和大麦起源的思考。去地下室是为了寻找一本1925年出版的国家地理杂志，其中有一篇题为"穿越阿比西利亚的艰辛之旅"的文章，作者是美国遗传资源学家哈利·哈兰（Harry Harlan）。我对哈兰已经着迷，因此想方设法尽可能多地了解他和他的生活。

不同于大多数的植物学家，哈兰在其40年的职业生涯中，在实验室或者撰写研究报告的时间并不多，他将其毕生大多数的精力都投入大麦种质资源的野外考察和收集工作之中。在频繁的旅途中，他记录了大麦种质资源的来源信息和遗传变异，并从世界范围内收集了大量的大麦种质资源。在谷物种质资源收集和品质性状育种研究方面，他取得的巨大成就为当今美国麦芽和啤酒行业的发展奠定了基础。

1882年，哈利·哈兰出生于美国伊利诺伊州西部农村，

1904年从堪萨斯州立大学毕业，随后进入美国农业部工作。刚工作不久，他被派往菲律宾开始了为期3年的出国考察工作，这种便利条件为他了解东南亚地区的文化习俗创造了契机。这一段危险而富有冒险性的工作经历，为其后来从事看似平凡普通的资源考察和作物育种研究工作做了铺垫。回到堪萨斯州后，他开始了研究生阶段的学习，并于1913—1914年之交，被派往秘鲁从事为期4个月的大麦研究工作。在南美烈日之下，哈兰第一次（但是绝对不是最后一次）认识和收集了大麦种质资源。在这之后，他将前往更加遥远的地方收集大麦种子。

第一次世界大战结束后，饱受战火蹂躏的欧洲国家备用粮食减少。为了应对这一潜在的危机，后来成为美国总统的赫伯特·胡佛（Herbert Hoover）调配资源成立了一个救济机构，后来被命名为美国救济管理局（ARA）。作为粮食专家，哈兰进入美国救济管理局，"一战"结束后不久即前往英国。作为此次救济行动的一部分，哈兰和他的团队奉命对战后欧洲国家的粮食品质和粮食储备情况做全面的调研分析，实地评估了欧洲粮食安全状况。这对于针对性地开展人道主义救助是至关重要的，该行动最终的受益者超过一千万人。

在英国的工作结束后，哈兰及其团队穿过英吉利海峡抵达巴黎。为了更好地开展工作，他们购买了一辆新的凯迪拉克轿车，随后一路南行调研该地区的粮食安全。他们从意大利都灵附近穿越阿尔卑斯山脉，穿过意大利北部，前往斯洛文尼亚、克罗地亚、现在的塞尔维亚、罗马尼亚、乌克兰，最终到达波兰北部地区。在波兰期间，哈兰的考察团队向东行进数百英里，调查波兰地区的种质资源分布和粮食供给状况。惊险的是，等到此次波兰考察行动结束，他和团队安全回到驻地，才听说在这期间俄国发生了十月革命，他和团队成员意外地在战争前线逗留了四天。第一次世界大战带来的动乱是随处可见的。1919年长达46天总计5000英里的旅程中，哈兰的探险团队经历了许多难以想象的苦难，许多事情使他们终生都难以忘怀。表1.1所示为哈利·哈兰考察团队调研的欧洲国家和地区；图1.1为哈兰照片。

对于没有发生的事情是难以预测的。前一天或许他受邀前往没有战争威胁的皇室宫廷享受奢华晚宴，几天后就会到达食物短缺的穷乡僻壤，和饥饿的平民一样过着食不果腹的生活。尽管前路艰辛，战争印迹依旧，流离失所的难民随处可见，哈兰敏锐的目光依然可以寻找到大麦资源。通过调查，他发现欧洲的地方品种自古罗马时期之后就没有较大的改变。他在旅途中收集的调研信息为有效开展救助行动提供了参考，从而确保了后来多年东欧地区的粮食安全。

同时，也让他有机会接触和分析欧洲地区地方大麦种群的遗传变异，为他后来为之奋斗终生的科学研究之路做好了铺垫。

表1.1　　　　　哈利·哈兰考察团队调研的欧洲国家和地区

❶ 英国伦敦	⓱ 罗马尼亚锡吉什瓦拉
❷ 法国巴黎	⓲ 罗马尼亚布拉索夫
❸ 法国菲姆	⓳ 罗马尼亚普拉霍瓦
❹ 法国兰斯	⓴ 罗马尼亚布加勒斯特
❺ 法国凡尔登	㉑ 乌克兰切尔尼夫齐
❻ 法国昂苏瓦尔斯贝尔	㉒ 乌克兰科洛梅亚
❼ 法国阿尔帕奇德瓦勒塞尼	㉓ 乌克兰布科维亚
❽ 意大利都灵	㉔ 乌克兰利沃夫
❾ 意大利威尼斯	㉕ 白俄罗斯布列斯特
❿ 意大利里雅斯特	㉖ 波兰华沙
⓫ 克罗地亚萨格勒布	㉗ 波兰弗罗茨瓦夫
⓬ 克罗地亚伊洛克	㉘ 波兰斯威波辛
⓭ 塞尔维亚贝尔格莱德	㉙ 德国格尔利茨
⓮ 罗马尼亚蒂米什瓦拉	㉚ 德国东法兰克福
⓯ 罗马尼亚迪瓦	㉛ 德国柏林
⓰ 罗马尼亚图尔达	㉜ 德国肯彭

1920年巴黎和会期间，哈兰和几个朋友一同前往法国乡村，途中结识了大麦植物学家玛丽·马蒂尼（Mary Martini）。对两人而言，此次不只是一次简单的邂逅，马蒂尼成为了哈兰的终生伴侣和大麦探索之旅中最重要的合作伙伴。在共同协作之下，他们选育了许多新的大麦品种，后来成为了美国多年的主栽品种，为美国现代大麦产业的发展奠定了种质资源基础。

埃塞俄比亚是大麦的起源和驯化中心，至少过去许多农学家都这么认为，这种观点促使哈兰梦想着前往埃塞俄比亚。但这一时期埃塞俄比亚的政治历史环境复杂，对于到访者是严峻的考验。尽管如此，1923年哈兰仍毅然前往埃塞俄比亚的首都亚的斯亚贝巴（Addis Ababa），他深知如果没有当地的安全许可，他不可能安全穿越人迹罕至的地区并最终到达苏丹（Sudan）。为了获得许可文件，哈兰拜访了当地拉斯法理教的首领——海尔·塞拉西（Haile

图1.1 哈兰照片（拍摄于1923年埃塞俄比亚探险之前，来源于伊利诺伊
大学档案馆）

Selassie），这位年轻的君主（他是所罗门国王和希巴女王的继承人）是一位睿
智并且备受国际社会尊敬的统治者。在被当地民众视为半人半神的皇帝面前，
哈兰提出了探索东非高原地区谷物种质资源的考察计划，并最终获得了支持。

此行，探险队将穿越被视为大麦起源地的荒芜地区。由于旅行路况崎岖、
路途遥远，探险队需要一大批骡子、搬运工和旅行向导。哈兰特意挑选了科普
特基督徒和穆斯林同时参加探险队，以便交谈中从多个角度去看待和分析问

题。当然，最让哈兰意外的是旅行费用。整个精心策划的探险队包括二十几个探险队员外加四十只骡子，但是每天的各种支出只有15美元。

哈兰应该是该地区原住民所见到的第一个西方面孔，在他的回忆录中提到了此次旅途中受到的盛情款待、马术表演后的奢华宴会，并讲述了他与拉斐·卡萨（Ras Kassa）的会面情况。"在漆黑的夜晚不能继续前行，为了照亮前行的道路，盛情款待的主人让600名随行人员高举火把，使我们得以顺利通过峡谷，并爬到峡谷的另一侧。这种美丽、激动而壮观的场景只可能发生在封建社会的集权环境之下，在我们所处的社会环境下是难以想象的。当我们顺利通过各个彼此环绕的村落时，我们都会发现卡萨军队的身影，他们的盛情让我们肃然起敬。山顶的木制宫殿中没有奢华的装饰，由此不难看出，卡萨绝非一个奢华无度、骄奢淫逸的暴君，他策划的盛大晚宴只是为了表示对远道而来客人的尊敬，也是我们万分的荣耀。"

无论是圣诞节庆典活动期间跟随3万身着奇装异服的朝圣者队伍，或是不得不以生肉为食，又或偶遇残疾人和麻风病人，哈兰的旅途自由而狂野，他的探险队正缓慢地前往蓝色尼罗河的发源地。在充满挑战的冒险旅途中，他时刻未曾忘记过此行的首要任务。他沿途寻找收集当地大麦和其他谷物样本，并最终带回美国。如他回忆录所述，读者可以真切地感受旅途中他的喜悦心情。当然，旅途中也遇到各种威胁，包括各种疾病或者土匪袭击，对此哈兰在回忆录中都有详细的记载。

1923年，经过59天的艰辛旅途，哈兰的探险队最终到达位于埃塞俄比亚和苏丹交界的贾拉巴特（Gallabat）。在这里，哈兰可以使用电报（现代文明的标志）与外界联系，同时也标志着埃塞俄比亚探险之旅结束。随后，他顺着尼罗河而下到达埃及开罗，再穿过北非，在此期间依然从事地方大麦品种的信息采集和资源收集工作。

随着收集的样本数量增多，哈兰着手鉴定大麦形态，探究栽培大麦的起源和驯化问题。哈兰随后考察了西班牙地区的大麦种质资源，也收集了大西洋沿岸地区以及印度部分地区的大麦品种，他发现埃塞俄比亚的大麦和这些地方的都不相同。埃塞俄比亚的地方大麦品种遗传多样性特别丰富，而加利福尼亚州种植的大麦实际来源于北非。他发现一份西班牙大麦品种对半干旱环境适应能力很强，由于得克萨斯州中部地区是典型的半干旱生态环境，他认为该材料可以尝试在该区域种植。尽管该材料是否被带到得克萨斯州开展了田间种植试验已经不得而知，但是得益于哈兰收集的大麦种质资源，美国农业部可以开展相关的大麦育种项目。由于他的资源采集工作，美国拥有了充足的大麦材料用于后续研究，对于20世纪中期美国大麦产业发展起了关键作用。

1900年春天，三个独立的研究团队分别发表了各自的研究成果，证实了孟德尔遗传定律的准确性。该遗传定律首次报道过去了整整35年后，终于得到学术界认可。随后该理论被大量应用到植物和动物育种研究工作中，哈兰亲眼目睹这些技术在植物改良中的应用。不管该理论是否经过科学验证，当时的植物育种实际上还是一直处于随机选择的模式之下，孟德尔遗传定律的证实对于从事田间杂交的哈兰来说作用有限。哈兰猜测，无论表型受显性或者隐性基因控制，杂交次数越多，遗传多样性也就越高。

在实际工作中，由于遗传效应多数情况下由多基因控制，加之位点间的遗传效应并不显著，需要大量的田间试验结果加以证明。哈兰将28份表型差异显著的大麦品种彼此两两杂交，获得了378个不同的杂交组合，这些材料的田间管理工作异常严峻。因此，哈兰常常自嘲说需要一个大的岛屿作为实验基地，这样才能够完成当前的研究工作。由于工作繁重，他自认为不是一个易于相处的人。

截止到1950年，经过多次资源收集（比如1923年前往当今巴基斯坦杰赫勒姆河地区），哈兰共收集了5000多份大麦种质资源，遍及世界各个角落。他的足迹到达了中国、日本、遥远的高地秘鲁，他最终回到了美国爱达荷州阿伯丁（Aberdeen）和亚利桑那州萨卡顿（Sacaton），继续从事田间育种工作。

哈兰从世界各地收集的大麦种质资源具有遗传多样性特点。他研究了大麦不同的品种特性，包括二棱大麦和六棱大麦，皮大麦和裸大麦，春大麦和冬大麦，以及部分资源特有的品种特性，诸如秸秆长度和种子休眠特性等。尽管改良大麦品种的农艺性状是他研究工作的主要目标，但对于偶然发现的大麦突变体（通常农艺性状不佳）杂交后出现的新表型性状，他和马蒂尼都会为之兴奋。

经过多年的乡村工作，哈兰习惯并喜欢生活在阿伯丁，喜爱这个只有1496人的小镇以及居住在这里的形形色色的居民。工作之余，哈兰也会带着美国农业部的研究人员前往索图斯山（Sawtooth Mountains）钓鱼。

假如时间可以倒流，我期待可以加入哈兰和马蒂尼的探险团队，切身感受他们对工作的巨大热情，亲眼目睹他们合力研究的这些极具意义的工作。他们收集的样品经过多次扩繁、鉴定、测试和杂交，构成了当今美国栽培大麦的种质资源库，从中选育出的许多优质饲料大麦和啤酒大麦品种，促进了美国畜牧业和啤酒行业的发展。不过，和这位研究全球大麦的前辈白天去山里钓鱼、夜晚畅谈也只能是一个美好的愿望了。

参考文献

[1] Harry V. Harlan, "A Caravan Journey through Abyssinia", *National Geographic*, Volume XLVII, No. 6 June, 1925, 624.

[2] Harry V. Harlan, *One Man's Life with Barley*. (New York: Exposition Press, 1957) 45.

[3] Harry V. Harlan, *One Man's Life with Barley*. (New York: Exposition Press, 1957) 37.

[4] Harry V. Harlan, *One Man's Life with Barley*. (New York: Exposition Press, 1957) 98.

[5] Riley Moffatt, *Population History of Western U.S. Cities & Towns*, 1850–1990. (Lanham: Scarecrow, 1996) 90.

2

第 2 章
麦芽：啤酒的灵魂

　　和高汤是很多珍馐的基础一样，麦芽也为啤酒的风格赋予了多种特征，例如颜色、风味、酒体，以及发酵产生的酒精。当设计啤酒配方中的谷物配比时，酿酒师都要考虑以上因素。啤酒配方中的麦芽搭配千变万化，有的只用一种麦芽，有的则配方复杂，并且使用不同类型的谷物。本章将会探讨麦芽的多样性及其在酒厂中的应用，以及专业酿酒师们如何使用不同品种的麦芽酿造出独特、平衡和美妙的啤酒。

2.1　风味

　　我多年来在贝尔斯酒厂、老道明酒厂和联邦酒厂的酿酒工作中，多次探讨过麦芽及其对啤酒风味的影响。喝啤酒的人们常常对如何定义"麦香"味有不同的见解。对酿酒师和制麦者来说，用来产生和保持这些风味的工艺也各不相同。我们接触的其他来源的味道和我们的主观感受都在影响着我们对麦芽在啤酒中表现的认知。

如果问我什么样的麦芽味吸引我，我会选择慕尼黑麦芽。虽然麦芽还包含焙烤、甜味、焦苦和麦皮的味道，当提到"麦芽"二字的时候我总能第一个想到慕尼黑麦芽饱满的香气。在一款啤酒中即使加入很少量的慕尼黑麦芽都会让味蕾察觉出来。如果让我来写配方，或多或少都会加一些慕尼黑麦芽进去。除此之外，我对各种麦芽都抱有乐于尝试的态度，如果有机会的话我会把德国的、比利时的、英国的麦芽，还有很多美国麦芽都丢进糖化锅里。

对麦芽最直观的了解方式是将一把麦芽放嘴里嚼一嚼、尝一尝，这样做有助于啤酒谷物配方的设计。这是研究不同品种麦芽间细微差异的最好方式。遗憾的是，太多人的感觉都已不敏感，甚至包括一些行业内人士。啤酒爱好者和酒厂雇员们貌似不是很喜欢在参观或接受培训时亲自品尝原料，让他们亲口尝一下原料并真正感受味道好像是一件很难的事情。眼睛看、耳朵听、用手去触摸都是很好的了解方式，但对于啤酒和麦芽方面，这些环节好像都有点欠缺。对麦芽的咀嚼不仅能够感受味道，还能够直观地了解诸如脆度和水分含量这些重要参数。这些原因足以让你主动将麦芽放进嘴里品尝，因为这样可以帮助你选择最适合你酿啤酒的麦芽。

2.2 设计谷物配方

设计谷物配方时要考虑几个因素。首先，酿酒师要考虑麦汁中有多少可发酵浸出物，因为这会直接影响到最终啤酒的酒精度数。接下来，是不可发酵浸出物，主要由大分子碳水化合物构成，它们可提供风味和醇厚口感。这些长链糖类不受发酵影响，不会被酵母利用，能够在成品酒中保留下来，给啤酒带来独特的风格。可发酵糖和不可发酵糖的比例影响到啤酒的醇厚性，如果所有的糖都被酵母利用，啤酒就会很淡薄，而没有被酵母利用的糖会给啤酒带来甜味。在本书第6章会提到，长链糖类不是很甜，但是可以带来很多啤酒都想要的醇厚感。

最简单的原料配方可以是单一种类的麦芽。这一种麦芽需要提供淀粉、酶、游离氨基氮（FAN）、微量矿物质和维生素。这些都是组成麦汁的必要成分，在发酵中能给酵母带来所需的营养，从而将糖类转化成酒精。然而，不是任何一种麦芽都满足这种条件。特种麦芽制备时焙烤阶段的高温会使淀粉酶变性，破坏其将淀粉转化成糖的能力。任何有足够酶可以分解自身淀粉的麦芽都可以被用作基础麦芽。

　　基础麦芽颜色一般较浅，在绝大多数啤酒中作为主要谷物原料使用。除了基础麦芽外，酿酒师还会加入其他种类的特种麦芽或辅料，以给啤酒带来多样的风味。大多数特种麦芽都是在麦芽厂使用特殊焙烤设备通过提高焙烤温度制成。辅料则一般是含有可发酵糖的非麦芽类来源。虽然玉米和大米是最常见的，世界各地的酒厂也会用多种其他的辅料来酿酒。同麦芽一样，如果辅料含有淀粉，则需要有充足的淀粉酶来分解它。有些含淀粉的辅料需要进行糊化，然后才并入基础麦芽中进行糖化。一般来说，溶解良好的淡色麦芽有足够的酶来分解辅料中的淀粉。因此，麦芽中淀粉酶最低活力是个重要质量评估参数。目前，糖化的时候也可以加入商用α-淀粉酶以增强酶活力。

　　酿酒师为了达到特定麦汁浓度，在计算原料配比的时候需要首先确定多少麦芽能够达到目标浓度。绝大多数基础麦芽干物质的浸出率可达到80%。成品麦芽一般含有约4%的水分，所以理论上100g的"原"麦芽（原麦芽含水分，"干麦芽"计算则将含水量排除在外）可以提供96g的80%（也就是76.8g）浸出物。不同的麦芽、谷物和辅料的浸出率和含水量各不相同，通过汇总和计算原料中各种谷物的贡献，可以预估原料在当次糖化的表现，当然实际上还需要考虑到糖化过程中浸出物的实际收得率。浸出率受酒厂设计和工艺以及糖化程序的影响，差别很大。虽然可以简单地通过软件和表格计算出结果，但背后的原理可以帮助酿酒师弄清楚为什么要用某种麦芽，而不仅仅是如何使用。

　　本质上，测量麦汁浓度可以简化为"我想要在水里溶入多少浸出物？"在糖化过程中，被加热到特定温度的水将谷物中的可溶性浸出物溶出，从而改变自身的密度成为麦汁。液体密度可以用Plato（°P）来表示，常用的参照表基于溶液中糖分的比例。14°P的溶液代表14g的蔗糖溶于86g的水中。100g的该溶液体积比同样100g水的体积小，因而密度更大。

　　14°P的麦汁密度约为水的1.057倍。因为1g水=1mL，所以100g的溶液体积为94.6mL（100/1.057）。如果我们想要产出94.6mL的14°P麦汁，则需要从麦芽中释放14g的浸出物溶解到水里。

　　为了计算方便，麦芽中的各个成分可以分成以下几部分。

　　（1）水（干燥后的麦芽含水量约为4%，此数值可能会高或低几个百分点）；

　　（2）麦皮和其他不可溶的碳水化合物；

（3）蛋白质（只有部分可溶）；

（4）可被酶解的糖类（可发酵糖和不可发酵糖的来源）。

我们将麦汁中的可溶性组分和不可溶性组分分开，就能得出结论，麦汁的相对密度来自可溶性蛋白质和可溶性糖类。

在第10章中我们将介绍，可浸出物（或可溶性的蛋白质和糖类）的计量可以有多种表达方式。在简化的酿酒计算中，粗粉浸出率（CGAI）可以帮助酿酒师确定哪种啤酒该使用哪种麦芽。例如，100gCGAI为80%的麦芽在理想情况下可以释放80g可溶性浸出物。如果CGAI降低，则需要更多的麦芽来获得同样量的浸出物。

在设计谷物配方时，糖化麦汁浸出物的收得率（实际从谷物中提取的浸出物的能力）也是一个重要因素。影响收得率的因素很多，随着麦汁浓度增加，收得率会不可避免地降低，预测收得率的最好办法是参考先前类似糖化过程的经验。

简单来说，设计一款配方的步骤包括以下几步。

（1）确定麦汁浓度以及最终出酒量；

（2）使用以上两个数值计算出麦汁所需的总浸出物量；

（3）根据浸出物收得率调整浸出物的理论数值；

（4）计算、汇总、重新调整每种麦芽的浸出物与麦汁目标浸出物总量相吻合。

由美国酿造化学家协会（ASBC）发布的浸出物一览表列出了糖度、相对密度、每桶浸出物的磅数，以及每百升浸出物的千克数之间的关系。贝尔斯酒厂的酿造部门在计算时，大多使用Plato糖度、磅和加仑（虽然公制容易一些，我一般都是用表格来计算，比较省事，1磅=0.454kg，1美加仑=3.785L，1桶=159L。）。美国家酿爱好者更熟悉和常用"比重点"（译者注：比重即相对密度，以下将比重统称为相对密度）来计算。使用哪种计量单位并不重要，按自己习惯就好。

SG和° P的大致换算公式是SG=［（° P × 4）/1000］+1。12° P麦汁的SG约为1.048。浓度越高换算偏差越大，但大多数"正常"范围内的换算还是可以使用的。

让我们举个例子：如果我打算做10桶（1590L）原麦汁浓度为12° P的、颜色中等、麦香浓郁的啤酒，一开始我会根据麦芽种类比例草拟一个大致的配方。

根据调研和以往经验，该啤酒的初始谷物配方如下表。

麦芽	比例
浅色麦芽	80%
慕尼黑麦芽	12%
结晶麦芽	7.5%
黑麦芽	0.5%

接下来计算所需总浸出物。参照ASBC表格，12° P的麦汁含有32.45磅/桶（0.093kg/L）的浸出物。因此10桶总共需要324.57磅（147.2kg）浸出物。根据以往经验，估算浸出物收得率为90%，因此所有谷物的理论浸出物应为360.6磅（163.5kg）（324.5/0.90 = 360.6）。

所需浸出物 /（磅 / 桶）	32.45
体积 / 桶	10
体积 / 加仑	310
所需总浸出物 / 磅	324.5
浸出物收得率 /%	90
所需理论浸出物 / 磅	360.6

这些麦芽分析报告（COA）中的浸出物和色度值如下。

麦芽	粗粉浸出率（CGAI）/%	色度 /SRM
浅色麦芽	80	2
慕尼黑麦芽	78	10
结晶麦芽	72	35
黑麦芽	50	500

每种麦芽的浸出物可以通过糖化锅中总浸出物（360.6磅）乘以单种麦芽占配方比例得出。

麦芽	比例	浸出物
浅色麦芽	80%	288.4
慕尼黑麦芽	12%	43.3
结晶麦芽	7.5%	27.0
黑麦芽	0.5%	1.8
总计	100%	360.6

然后将浸出物数值除以浸出率值得出所需麦芽质量。

	浸出物	浸出率（CGAI）/%	所需麦芽量 / 磅
浅色麦芽	288.4	80	360.6
慕尼黑麦芽	43.3	78	55.5
结晶麦芽	27.0	72	37.6
黑麦芽	1.8	50	3.6
总计			457.2

现在可以知道酿这批酒需要多少麦芽了，接下来计算麦汁色度。首先将每种麦芽的色度与质量相乘。计算结果单位是SRM×磅，即麦芽色度单位（MCU），再将其相加。

	麦芽质量 / 磅	麦芽色度 /SRM	麦芽色度单位 / （SRM× 磅）
浅色麦芽	360.6	2	721
慕尼黑麦芽	55.5	10	555
结晶麦芽	37.6	35	1315
黑麦芽	3.6	500	1803
总计			4393

之后将总计的数值除以麦汁体积数得出麦汁颜色。

4393 SRM×磅除以310加仑，结果约14 SRM（这里应该注意SRM色度计根据并基本等同于Lovibond色度——是基于目视和标准色盘比较后得出的数值。实际上麦汁和啤酒色度的准确检测是：430nm波长的光穿过直径为1/2英寸（1.27cm）比色皿后的吸光度，再乘以10。见ASBC分析方法）。

通过以上计算，酿酒师可以大致知道配方中的麦芽配比。这时就可以进一步微调配方了。通过表格计算，可以快速评估麦芽质量和浸出物收得率的微小变化，就像录音师使用混音器一样。酿酒师现在可以将大部分配方中的麦芽质量取整数，以便酿造投料。

麦汁发酵能力量化

大多数酿酒师都知道，麦汁浓度可以有很多种表示方式。900mL 水质量为 900g。如果将 100g 糖溶于这些水，总质量 1000g，但体积仅为 962mL；该溶液质量的 10% 为糖，密度为等质量的纯水的 1.040 倍。我们称该溶液浓度为 10°P（或白利糖度），相对密度为 1.040。糖在发酵过程中会转化成基本等量的酒精和 CO_2。因为酒精比水轻，如果所有的糖都在发酵中转化成酒精，最终的溶液相对密度将小于 1.000，"表观浸出物"将小于 0°P。一般 10°P 原麦汁出酒的糖度为 2.5°P，这种啤酒中 75% 的"表观"浸出物被消耗掉，即表观发酵度为 75%。

因此，初始相对密度、最终相对密度、初始糖度、表观糖度、实际糖度、酒精度（质量分数）、酒精度（体积分数），以及热量，这些都互相关联，并且可以计算出它们之间的关系。

作为一名技术型的酿酒师，我认为了解浸出物、酶以及原料含水量对酿造高品质啤酒来说非常重要。编写配方时既要精通科学原理，也要充满创意和艺术性，这样才能酿造出世界一流的啤酒。对我来说，一个"伟大"的酿造师可以稳定地酿造出充满个性的好啤酒，尽管使用的原料由于自然原因或是工艺不同而千变万化。如果没有对背后原理和调整方法的深刻理解，应对不同的原料可能就不会这样得心应手，从而导致最终的啤酒稳定性和质量受到影响。

保证酿造稳定性从计算开始。找到关键参数，留出一些调整空间以应对不确定性，如果酿造过程中出现了问题还可以通过工艺调整来挽回。虽然使用蛋白质含量极低和色度极浅的麦芽也不是不行，但除非你只做这一次，否则将啤酒设计成很浅的颜色可能不是明智之举，因为这种麦芽以后不一定能找到，导致无法再次酿出这种啤酒。

麦芽的数据分析对于成功调整配方品种搭配和比例有很大帮助，甚至是至关重要的。即使是很少量的麦芽比例变化都会对后期酿造过程产生重大影响，因此仔细研究分析数据对于啤酒酿造稳定性非常重要。举例来说，贝尔斯酒厂的啤酒和工业化大酒厂不同，酿造工艺中没有在后期做高浓稀释。贝尔斯酒厂严格控制麦汁浓度和发酵度，部分原因是因为酒精度的允许调整范围很窄。如果可发酵糖的量发生改变，最终成品酒中的酒精含量也会跟着改变，因此在糖化之前就要做好每一步准备以保证最终数据准确。选择酿造所用的麦芽种类和数量是酿酒师最重要的工作之一，因为如何选择很大程度上决定了最终会酿出什么样的啤酒。

2.3　计算色度

　　色度计算是啤酒配方中另一个基础要点。罗维朋（Lovibond）法、标准参考法（SRM）以及欧洲啤酒酿造协会使用的EBC[①]都是为啤酒色度定量的度量衡。麦芽的SRM值大致相当于将1磅（0.454kg）麦芽在1美式加仑（3.785L）水中糖化后得到的麦汁颜色。深色麦芽的色度可达浅色麦芽的上百倍。要注意的是，麦汁在糖化锅中发生的美拉德反应会带来额外的颜色，我们将在第6章中探讨这一现象。这对于浅色啤酒非常重要；而对于诸如波特啤酒这种深色啤酒，1 SRM的变化几乎看不出来。

　　仅仅简单的颜色定量计算还远远不够。从数据上讲，明亮的橙色麦汁和浑浊棕灰色的麦汁可能有相同的SRM数值，但实际视觉差别很大。色调、色深、感知色彩的相关内容本书不做进一步讨论，网上有一些非常优秀的参考资料。布瑞斯麦芽公司（Briess Malting Co.）的鲍勃·汉森（Bob Hanson）的研究就是个非常好的参考[②]。

麦芽色度进阶

　　通过协定糖化法（Congress Mash）可以对麦芽进行标准化分析，即将磨好的麦芽粉在定量的水中糖化，过滤掉其中的固体，然后检测麦汁的各项参数。有三种方法：酿造学院的 IoB 标准方法，欧洲酿造协会的 EBC 标准方法，以及美国酿造化学家协会的 ASBC 标准方法。虽然各种方法之间有细微的差别，但都可作为标准来对比麦芽样品的质量。

　　EBC 法是将 50g 麦芽混入 400g 水中，相当于 12.5kg/hL 的麦汁（hL 即百升），比典型的糖化/麦汁浓度要低。

　　麦汁和啤酒色度的评估有三种方法；罗维朋（Lovibond）法、SRM（标准参考法）法和 EBC 法。罗维朋法是最传统的方法，使用标准色卡直观对比。更现代化的 SRM 和 EBC 法都是通过用波长为 430nm 的（深蓝）光线照射过滤澄清的麦汁样品，测量吸光度。

[①]　1 Lovibond = 1 SRM = 2 EBC。
[②]　http://www.brewingwith briess.com/Assets/Presentations/Briess_2008CBC_UnderstandingBeerColor.ppt。

SRM 是为了给罗维朋色卡一个定量的对比，因此它们之间可以互相转换。EBC 是 SRM 数值的 1.97 倍，可以近似认为 EBC 数值为 SRM 的 2 倍。

麦芽色度单位（MCU）

麦汁的色度可以通过麦芽的色度单位（MCU）近似估算出来。MCU 的计算是通过将每种麦芽的质量乘以各自的色度，然后除以最终产出的总麦汁体积。

MCU 方法对于计算 SRM 值低于 8 的麦汁很有效，但是高于 8 就不准确了，因为 SRM 和 EBC 是呈对数变化的，而简单计算是线性的。丹·莫瑞（Dan Morey）是一位美国中西部地区的家酿高手，同时也是《酿造学和酿造技术》（*Zymurgy and Brewing Techniques*）杂志的撰稿人，发表过一个计算深色度的近似公式：

啤酒色度（SRM）=1.4922 × $MCU^{0.6859}$

将 MCU 值代入上述式子可以得到以下结果：

MCU	1	2.5	5	10	25	50	100	250
SRM	1.5	2.8	4.5	7.2	13.6	21.8	35.1	65.9

约翰·帕尔默的书——《自酿啤酒圣经》（*How to Brew*）的附录 B 中有关于麦汁和啤酒色度的详细介绍。我很赞赏他简化了啤酒色度的计算方法，即色度（SRM）= 1.5×（麦汁色度 MCU）$^{0.7}$，这个公式对于日常应用计算已经足够了。

虽然其他因素，诸如 pH、煮沸强度、浸出物收得率都会影响啤酒色度，但麦芽的颜色仍是主要原因。通过麦芽分析报告（COA）中列出的每批麦芽出厂时的检测结果，可以了解同品种麦芽不同批次的细微差别，从而有针对性地改善配方和工艺，以确保产品稳定性。

现今麦芽的种类可谓多种多样。市场上能找到各种颜色、风味和功能特性的麦芽，往往让新手酿酒师眼花缭乱。成功做出某种风格的啤酒需要混合多种不同的麦芽，因此除了直接品尝之外，还要多和同行酿酒师们交流以获得灵感，向他们请教如何能准确做出某种风格的啤酒，以及他们的喜好（和不喜欢的），可以由此了解应当使用什么样的麦芽，或者从传统的配方中找到新的灵感。

2.4 酿造理念

不同酿酒师对于投料比例有着各自的理论和工艺。做出一款复杂而又平衡的啤酒和艺术创作及科研一样。对于特定的麦芽，很难对单独的味道进行定量，因此酿酒师必须懂得数据表格之外的知识。了解不同的酿酒师的解决方案以及他们的偏好，是一件很能启发人的事情。

绝大多数酿酒师都要经过配方设计、酿造、评估，到调整优化，这样才能做出理想的啤酒。调整好一个配方可能需要好几年，不过可以通过拓宽视野、经验以及认真的计算来缩短这个过程。酿酒师们从多个角度来设计配方，有技术型的，他们精通于表格计算和配比；有研究型的，他们博采众长来彻底了解某种风格的啤酒。更有酿酒师靠直觉将每种原料有机结合成一个整体，从而做出美味而平衡的啤酒。用高尔夫球运动来类比：这些酿酒师都已经在果岭上了，通过啤酒大奖赛来切磋各自的技术。优秀的啤酒并不一定每场都胜出，但是能够持续获奖的啤酒通常都非常好喝。通过和经常获奖的酿酒师们交流可以了解常胜啤酒的酿造秘诀，向他们请教如何设计一款啤酒并选择相应的原料，可以知道每个人的观点和方法，乃至酿造工艺。接下来就让我们一窥这些知名酿酒师的一些诀窍。

2.4.1 韦恩·旺博斯，雪茄城酒厂（佛罗里达州，坦帕市）

韦恩·旺博斯（Wayne Wambles）是佛罗里达州坦帕市雪茄城酒厂的酿酒师，这个酒厂精细而优质的啤酒主要都来自他的创意。韦恩将艺术灵感应用于酿造技术。在和他的对话中，更能感觉到他将绘画的思维融入酿酒之中。他将基础麦芽比作画布，给啤酒提供结构基础。口感相当于画笔的笔触。在他看来，特种麦芽提供的颜色——焙烤和焦糖麦芽带来明亮的颜色，而暗色是深度焙烤麦芽的功劳。由此，通过非常复杂的麦芽搭配，韦恩自然就能经常创造出具有和谐且强烈麦芽香气的啤酒。"我们的一款苏格兰啤酒Big Sound，使用了11种不同的麦芽；主要是焙烤麦芽和焦糖麦芽。"

当他开始写一个配方的时候，会适当增减麦芽种类。他这样简述设计配方的过程："通常我会坐下来想一想我想要做什么样的酒：我会先入为主设想好色度、相对密度和苦味值。然后决定我想要什么样的麦芽风味。等我把需要的麦芽种类写下来后，再去调整配比和苦味值。"当原料配比确定了以后，他会将数据输入经典的ProMash软件里面，多年来他一直使用这个软件。软件会帮他估算出在后续酿造中的各项工艺参数。

下面模拟一下韦恩是如何设计一款英式大麦酒（English barley wine）的。为了达到期望的复杂效果，他会使用两种不同的玛丽斯奥特（Maris Otter）基础麦芽。这么做是因为"酿造红酒的时候，伟大的酿酒师通常会使用不同地块的葡萄。"韦恩还会加一些焦糖麦芽和维也纳麦芽或其他焙烤类的麦芽。

韦恩在很多不同种类的啤酒中都会用玛丽斯奥特麦芽作为基础麦芽之一；对于波特啤酒，他认为玛丽斯奥特麦芽会带来层次感不同的麦芽风味，这类风味和该类啤酒的特征非常契合，他将这些风味描述为麦芽饼干味，同时具有一些泥土香气。玛丽斯奥特3°L的色度让其能够带来很多风味而不会影响啤酒颜色，因此将它用来酿造麦芽味浓郁而低酒精度的啤酒是非常合适的。"它所带来的风味是其他浅色麦芽所没有的。如果粉碎合适的话糖化会更顺利。如果只是粗粉，过滤则会变得很容易。"雪茄城酒厂主要将辛普森麦芽厂（Simpsons）作为他们的玛丽斯奥特麦芽供应商。

"我特别喜欢英国特种麦芽。美国麦芽味道很干净，但是英国的焦糖和结晶麦芽更有深度，它们能带来美国麦芽所没有的水果风味。"当酿造需要通过纯净的麦芽风味来突出酒花香味的美式IPA时，他会选择布瑞斯（Briess）或大西部麦芽厂（Great Western）生产的焦糖麦芽。

当被问到他还喜欢用什么麦芽时，韦恩毫不掩饰他对英国深色焦糖麦芽的热爱，他认为贝尔德斯（Baird）或辛普森麦芽厂生产的麦芽能带来的无花果和梅子干的香味，他认为这些麦芽对比利时双料啤酒或比利时深色烈性啤酒的贡献很大。韦恩喜欢使用浅色巧克力麦芽酿造重口味的波特啤酒。"你可以将巧克力麦芽加量以得到平衡的酒，而不会带来太多干、焦、炭烤的味道。"他还喜欢使用焦糖增泡麦芽以及巧克力黑麦麦芽来增加酒体的醇厚性，因为"少量添加就可以得到浓郁的黑麦风味，同时不会影响过滤。"布瑞斯特制焙烤麦芽™也是一款他常用的麦芽。韦恩还推荐添加一些维多利亚麦芽®，增香或饼干麦芽来丰富风味种类，但是"如果过量添加，口感会变得很杂。"

他进一步解释了为何设计一款多种风味的啤酒是需要一定技巧的，以避免某种风味喧宾夺主。例如，当品尝双料IPA的时候，加太多的结晶麦芽会使原本美妙的风味变成了低发酵度的"一口甜水"。同样的，他注意到过多的黑色麦芽会使收口充满炭灰的味道。太多焙烤麦芽，比如维多利亚麦芽，会带来类似无糖花生酱的味道。当啤酒中有太多的棕色麦芽时，会有好像嘴里的水都被抽干了般的干涩味。

韦恩小心翼翼地避免酵母产生的风味盖过麦芽的风味。当啤酒中悬浮太多酵母的时候，他将其比喻成"用蜡纸把画盖住了"。雪茄城酒厂的特种麦芽添加量最高可达40%，可见其在酿造计划中对麦芽风味的重视程度。

2.4.2　詹妮弗·塔利，奥本酒厂（加利福尼亚州，奥本市）

詹妮弗·塔利（Jennifer Talley）开朗的性格造就了她对酿造的热爱。她专职从事酿造已经20多年了；先后任职于盐湖城的斯夸特斯（Squatters）酒厂、西雅图的精酿联盟（Craft Beer Alliance）红钩（Red Hook）酒厂、俄罗斯河（Russian River）酒厂，以及奥本（Auburn Alehouse）酒厂。多年的酒吧酿造经验让她有机会不断尝试和改进自己的配方和工艺。在犹他州低酒精规定的限制下酿造出味道丰富的啤酒是她创新的动力。

对于詹妮弗来说，配方始于深入的研究。"我坐下来写配方之前，会了解关于要酿造的啤酒风格的相关信息；查资料、品尝、和其他酿酒师们交流，再决定取舍。了解该风格啤酒的历史渊源，从中学习，不是简单复制，而是找到自己的喜好。然后才会写到纸上。"

确定了目标参数，诸如原麦汁浓度、酒精度、色度和最重要的麦芽风味之后，詹妮弗才会开始进行计算。基础麦芽决定了啤酒的基调。詹妮弗认为通过品尝麦芽可以在心中完善配方。对她来说，特种麦芽对于达成酿造目标尤为重要。她也十分清楚其他原料同麦芽相辅相成。"你希望麦芽能呈现出的风味都会因过量或过少添加酒花而破坏。麦芽不是孤立存在的，你需要考虑如何将麦芽和其他原料完美地融合在一起。"

当我请她为我从头到尾地介绍酿酒前的思路时，她举了个具有明显麦芽香味的啤酒作为例子："颜色适中，麦芽香明显，有适当的酒花香气来平衡。"她会用约40%的玛丽斯奥特淡色爱尔麦芽或甘布赖纳斯（Gambrinus）ESB淡色麦芽，再加上一些其他的基础麦芽，比如标准的美国二棱浅色麦芽。为了增加不同的麦芽风味层次感，她还会添加约15%色度为10°L的慕尼黑麦芽。然后再添加5%中等色度（40~60°L）的焦糖高香麦芽，这样，初始的配方就完成了。把初始配方填到计算表格后再做细微调整。可能会通过添加少于1%的卡拉发Ⅲ（Carafa Ⅲ）麦芽来调节色度。当首批酒出来的时候，她都积极跟踪消费者的反馈以改进配方。对于她来说，在酒吧酿酒的好处就是可以随时接收各种不同的意见和建议。"我一直对客户的反馈洗耳恭听。"她把配方看作动态的文档，不断追求细节上的改进。

当问到酿造生涯中最喜欢的麦芽时，她会毫不犹豫地回答："维耶曼（Weyerman）的比尔森麦芽。它无可替代，比尔森型的啤酒值得花钱买最好的比尔森麦芽。它的风味很难描述，有一点点面包的香气但是又有很清爽的麦香。"

她还喜欢维耶曼的焦糖高香麦芽，会带来焦糖麦芽的香味，为啤酒增加复杂口感。"这款麦芽既温和又大胆，还有很多色度可以选择。"犹他州法律对酒精度的限制使得她通过将风味发挥到极致来弥补酒精度的不足。"如果你想要以突出麦芽风味为主，那可选择的空间就很小了，因为还需要考虑到可发酵性糖的含量。"

"我喜欢休·贝尔斯德（Hugh Baird）的烤大麦"；她认为该麦芽是爱尔兰干世涛的重要原料。如果仅仅为了增加色度而不带来太多的味道，她会选择卡拉发Ⅲ这种去壳黑色麦芽。"没人会尝出来你添加了卡拉发Ⅲ。根据你的啤酒风格可以添加1%~3%，它会带来你想要的黑色或者红色"。她觉得要做到真正的红色很难，红色与古铜色和琥珀色不同，视觉上还是有很大差异的。

对于詹妮弗来说，每次试验新配方遇到的最大问题就是特种麦芽的过量添加。"有人误解了浓郁风味的意义。配方中过度使用就会带来混乱。当一杯酒让我喝不下去的时候，通常都是用了太多的特种麦芽。"在她的经验里诸如维多利亚®麦芽、巧克力麦芽、卡拉发Ⅲ®，甚至烤大麦都曾是罪魁祸首。"饼干麦芽也曾让我很头疼，一不小心就放多了。"

当问到哪种麦芽她最不喜欢时，她说，"泥炭麦芽；如果你想达到烟熏味可以直接使用真正的烟熏麦芽。我不喜欢泥炭麦芽，多酚味道太重。烟熏麦芽的效果更好。"有趣的是，雪茄城酒厂的韦恩也持同样的观点，"任何泥炭处理后的原料都很难利用，这是我最头疼的麦芽。"

2.4.3 乔恩·卡特勒，匹斯酒厂（伊利诺伊州，芝加哥市）

匹斯酒厂位于芝加哥繁忙的Wicker Parker一带。乔恩·卡特勒（Jon Cutler）从1999年开业以来就一直主管酿酒工作。从成立之初起，在这不大的酒厂生产的啤酒就获得了当地人的好评，还多次获得啤酒世界杯（World Beer Cup）和全美啤酒节（Great America Beer Festival）的大奖。

乔恩·卡特勒写麦芽配方的时候会从三个方面考虑。"基础麦芽提供框架；

确定好基础麦芽，配方的90%就完成了。我总是从基础麦芽的选择开始。"如果酿造德式啤酒，首选一定是德国比尔森麦芽。如果是美式啤酒，则选择二棱浅色麦芽。设计配方的第二个方面是选择"能够凸显啤酒风格"的麦芽。随着麦芽种类的增加，他会一点点对基础麦芽进行调整。在基础麦芽之上添加诸如慕尼黑或结晶麦芽能够给啤酒带来复杂的风味，以适合相应的风格。第三个方面，他会在最后选择能够调整啤酒状态的麦芽。"最后要达到某个目的，比如增加泡沫稳定性或提高色度。我会使用燕麦、小麦或者一点点卡拉发™麦芽来收尾。"

对乔恩来说，啤酒的配方就像是一段音乐。"像一首感情洋溢的歌。基础麦芽相当于低音部分，它能赋予节奏，是啤酒的框架。然后代入一些吉他或键盘等有趣的元素。最后是人声，将所有元素融合到一起，紧密相连；一个个小元素最终组成整体。最终一首无聊的歌曲变得与众不同，人们听过之后会说'这首歌很特别，我没听过这首歌。'歌曲需要有勾人心弦的地方。"他补充道，"你的第一批次麦芽就像是母带。可以按需加入一些背景人声。也许还需要一些牛铃（译注：一种乐器）。所有的麦芽必须和谐共处，之后才能固定配方。"

乔恩最喜欢用的基础麦芽是瑞河（Rahr）麦芽厂的浅色麦芽和二棱麦芽，维耶曼的比尔森麦芽和小麦麦芽。至于中间声部的乐器选什么？"我喜欢慕尼黑麦芽、英国浅色麦芽、类黑素麦芽和浅色焦糖麦芽，诸如C-15，还有C-60。"他会使用各种特种麦芽来微调；焦糖比尔森或高糊精麦芽在他做的啤酒中也有很重要的地位。"它们是独一无二的。"他是维耶曼全线产品的粉丝，尤其喜欢焦糖类麦芽的独特风味（泡沫、希尔和小麦麦芽）。

"市面上焙烤麦芽的种类太多了。你的世涛使用了什么焙烤麦芽？不同的麦芽会带来不同的效果。"他喜欢慕尼黑或巧克力麦芽给世涛啤酒的中段口感带来的和谐感觉。"这两种麦芽使世涛的味道连接起来，使得啤酒不会尝起来直接从基础麦芽味道直接跳到焦煳味。"

乔恩最不喜欢使用的麦芽是C-60，但是他也承认其在精酿中的重要作用。"C-60麦芽风味独特，是用于美式淡色爱尔啤酒酿造的经典麦芽，但是它非常容易在短时间内被氧化。没什么比烂番茄（ribey）味更难闻了（Ribes是英国用于描述烂了的西红柿或者醋栗叶子味道的词，类似猫尿味）。C-60麦芽能够很好地支撑中段风味，但是也很容易毁了一锅酒。你要期望它在氧化之前的很短时间里发挥作用。"

他最后的建议是什么？"实践出真知。有时你尝到的麦芽味道并不一定会在啤酒中体现出来。你得尝尝成品酒，再从中反思。像音乐一样，你要在现场演奏/酿酒然后等着听众/顾客的反馈。我从不怕批评。我自己就是最严格的批评家，我知道酒应该是什么味道。不要在乎Ratebeer以及类似网站上的评论。如果我投入了我的心血、汗水和眼泪做出一锅酒，那么这酒就是我希望的样子。"

2.4.4　比尔·旺比，红木屋酒厂（密歇根州，弗林特市）

比尔·旺比（Bill Wamby）酿酒技术高超，他曾多次代表密歇根州的红木屋酒厂拿过GABF（全美啤酒节）大奖。他以细节取胜，从配方设计开始。对麦芽品种描述的深入理解是设计配方的第一步。当选择麦芽时，他的关注点又是什么呢？"均一、饱满的颗粒。我不希望看到干瘪的颗粒，"正是如此，他格外偏好英国麦芽。摩尔多瓦（Moldavian）麦芽也是他的选择之一。"某些麦芽天生就更浓郁，更有特点。"

当比尔谈及不同麦芽的独特风格给啤酒带来的风味时，他对麦芽品种的喜好也渐渐显露出来。"脱苦黑色麦芽很有特点，可以大做文章。"他认为，在浅色啤酒中添加少量此类麦芽可以带来微妙的风味变化并增加pH。虽然添加量不大，但对于比尔来说，这些特种麦芽就像是糖化中添加的佐料。多年以来，他的个人酿造特色是添加一点点小麦或燕麦。"我感觉其中的蛋白质会增加酒体的醇厚度。也许这是我在家酿时期养成的习惯，但这就是我的特点。"他特别喜欢焙烤过的小麦麦芽给啤酒带来的风味。

比尔喜欢每年在他家地里种一小片大麦。随着大麦慢慢成长，会给他带来"心灵安慰"，也可以让他进一步了解这一重要的啤酒原料是如何从农场到酒厂的。

结论

浸出物和色度是麦芽众多可分析、计算、优化的酿造参数之中的两个。麦芽风味不容易了解，也无法定量分析。麦芽风味之间的微妙交互赋予了啤酒和谐之美。大家常说，酿酒是艺术和科学的结合，这一点用在酿酒师使用麦芽上尤为适用。了解麦芽分析数据可以控制啤酒品质稳定，但风味才是我的终极目标，需要通过积累丰富的经验才能了解各种原料给啤酒带来的味道。

3

第 3 章
制麦的历史

"用大麦做粥，在我看来无比简单，根本算不上什么人类发明；但是把大麦做成美味可口的饮料，却是件了不起的工作。"

——托马斯·富勒（Thomas Fuller）

不管是有意还是纯属偶然，人类对谷物进行发芽处理的历史已经长达数千年。现代制麦者仍在不断调整、改善和优化这一工艺，但从根本上讲，制麦主要依赖于有生活力的大麦籽粒内部的生物机制。制麦工艺从最初在加热的石头上干燥谷粒发展到今天采用最先进的机械装置进行焙烤，但是不管采用什么样的参数设置或者工艺过程，其目标都是一致的，即把几乎难以消化的麦粒转化成能够酿造啤酒的优质原料。

3.1 古代历史

历史学家普遍认为，人类和谷物种植之间的关系早于文字记载的历史。人类逐渐放弃游牧的生活方式而开始定居，这一转变的初衷就是来自对种植谷物的渴望。谷物能够提供稳定可靠的食物来源，也使早期人类的社会性、生物性更加稳定。虽然适当干燥后的谷物更便于储藏，但因为谷粒质地太过密实和坚硬，需要将它们进行适当处理后才更适于食用。为了更好地利用谷物中的营养物质，人类尝试了多种方法使其更易于消化，所有的处理方法都用到了热能和水这两大要素。例如，做面包的3个必要步骤是：碾磨、加水混合和焙烤。与此相类似，熬稀饭和做麦片粥也是把碾磨后的谷物加水煮制而成。虽然人们知道，在火烤过的热石头上烘干谷物会使之更易于碾磨，但还有一种更简单的方式不需要加热处理。如果把谷物用水浸泡并使其发芽，那么谷粒就会变软而且更可口。或许人类最先贮藏的谷物就是用这种方法被食用的。可以想象，当野生酵母和细菌在这种谷物汤汁里繁殖时，就产生了人类最早的美味饮料——啤酒。

我们无从知晓这种事确切发生在何时何地，但是考古证据显示，人类至少在23000年前就开始采集食用大麦和二粒小麦（普通小麦的祖先品种）。地中海东部地区纳吐夫（Natufian）文化的形成早于农业的兴起，有证据显示，在12000~15000年前，这个地区半定居的游牧民族部落不但成功驯化了狗，还开发了酿造啤酒所需要的所有技术。

随着人类文明的进步，啤酒酿造技术不断发展。现代研究者根据埃及人和苏美尔人记录的啤酒酿造方法酿出了适饮的啤酒。除了酿造工艺和技术不成熟，古代酿酒者需要克服的最大挑战是，如何将谷物中贮藏的碳水化合物转化成可发酵的糖类。这些酿酒者意识到生谷物或干燥的种子是很难酿造出啤酒的。于是他们开始尝试各种方法，目的是从谷物中提取出糖来。考古发现的大约3800年前美索不达米亚古文明的一块楔形文字板上，记录了一首"宁卡西赞歌（Hym to Ninkasi）"。歌词中记述了如何通过浸麦、发芽、焙烤来生产一种称作"bappir"的甜味大麦面包以及用这种面包与水混合（糖化）制作他们的啤酒。

直到今天，尼罗河地区仍在使用这些工艺。英语单词"booze（酒）"即来源于"Bouza"（指尼罗河流域一种用面包和麦芽酿制的啤酒）。尽管大多数西方的麦芽在发芽后都经过干燥这一步，但原始的制麦工艺经常直接以未经干燥的绿麦芽或再经日晒晾干就结束了。

根据罗马帝国的有关文字记载，啤酒和麦芽起源于北欧。"在公元5世纪关于酿酒的记录中写道，在水中浸渍谷物使其发芽，然后经干燥和碾磨，再浸泡于一定量的水中发酵，最终会变成一种令人愉悦的、温暖的、强烈的、醉人的液体。这种饮品一般都用大麦制作，有时也用小麦、燕麦或小米。"该段文字清楚地表明，虽然啤酒酿造技术后来经历了诸多发展，但制麦的基础工艺在中世纪早期时就已经非常成熟。

3.2　早期制麦

中世纪时期的制麦大多数都是小规模制麦。制麦和酿酒作为一项家务劳动，一般都是由家庭妇女承担的，而且作为一门手艺由母亲传给女儿。威廉·哈里森（William Harrison）的《英格兰记》（*Description of England*）中对制麦有这样一段详细描述：

"选取最好的大麦，将其浸入水池中，水量或多或少，经过三天三夜之后完全浸透。之后将水慢慢排掉，直到差不多沥干。然后捞出大麦，将其在干净的地板上堆成一个圆堆，放置不动直到麦粒根部末端露出芽尖，制麦者们称此操作为聚堆。当大麦开始出芽，制麦者就认为时机到了，他们会立即把湿麦芽在地板上摊开，开始时厚一点，然后越摊越薄。"（哈里森，1577）。

至少经过21天后，发芽的谷物就可以准备去进行干燥①。在英国乡下，制麦是一项很重要的技术。杰维斯·马卡姆（Gervase Markham）在1623年出版的《国家的骄傲——英国主妇》（*Countery Contentments, or the English Huswife*）中用了27页篇幅描写制麦作坊的建设和运营，而关于酿造的内容却只写了短短4页。

最早关于英国制麦的记述见于13世纪的一首诗歌"Treaties of Walter de Biblesworth"，诗中吟道：

"大麦浸在桶，

桶又宽又大，

好好照料它。

谷物浸泡完，

请把水排干，

运送到楼上，

地面净又亮，

把大麦放下，

---

① 现在大麦的标准发芽时间为4~5天，但在工业化制麦之前所用的麦芽品种和制麦工艺都和今天不同，这么长的发芽时间在当时是正常的。

等它全发芽。

谷物变麦芽，

不是原来的它。

双手翻麦芽，

成堆或成行。

托盘盛起来，

炉里烘和烤。"

诗中还有大量关于制麦的管理条例、法庭文件和其他官方记录，这些都是我们深入了解早期的制麦历史和其他相关问题的重要途径。例如，麦芽干燥过程曾经是主要的火灾隐患之一，所以当时有强制性文件，规定了在任何生火烤麦芽的地方都必须准备几桶水以便随时灭火。

为了确保最终啤酒干净适饮，管理条例还规定了制麦所用谷物的质量标准。1482年，伦敦市规定"麦芽必须是干净、香甜、干燥、制备良好的；不能把质量较差的麦芽放在麻袋下部再用质量较好的麦芽掩盖；不能是粗略干燥过的、潮湿的、用未成熟的大麦制得的、发芽过度的或者被象鼻虫侵食过的"。生虫对早期的制麦者来说是个常见问题。1577年的一则记录写到，"如果没有把麦芽以正确的方式烘干，而是马马虎虎地处理，就会有象鼻虫繁殖。"

这个时期生产的麦芽质量大都不够好。诺丁汉法院记载了一起诉讼案例："1432年8月9日，托马斯·夏普卖给托马斯·阿伯特一批没有完全干燥并被象鼻虫侵食过的麦芽，结果导致酿出的啤酒无法保存且导致消化不良。就连家里养的猪和鸡吃了这些麦芽也都因为不能消化而死亡。"

3.3 近现代时期

泰伦于1690年出版的《啤酒酿造的新艺术》(*A New Art of Brewing Beer*)一书是最早专门详细描写啤酒酿造工艺的英文书。如果酿酒师对精酿啤酒的历史感兴趣，那么一定要阅读另一部经典大作——《伦敦和乡村酿酒师》(*The London and Country Brewer*)[①]，这部书很容易在网上找到。尽管已经出版很久了，这两部书中都对制麦工艺做了非常详尽的阐述，书中所描写的制麦工艺至

① 尽管此书为匿名出版，但大多数学者认为此书的作者很可能是威廉·埃利斯。此书作者明确支持了威廉·埃利斯的 2 本有关农业的著作中的观点。

今仍在沿用。现代酿酒师可能会在这两本书中发现一些令人吃惊的内容，特别是某些加工过程的持续时间之久和工人的辛苦程度。泰伦在书中指出，谷物需要浸泡整整3天，而发芽过程有可能要持续长达21天。另一部书中则建议，工人应该每天把地板上正在发芽的麦芽翻动12~16次，而且工人应该光着脚以减少对麦芽的破坏（图3.1）。

图3.1 亨德里克·梅杰（Hendrik Meijer）描绘的早期制麦作坊的场景

这些早期著作还讲到了干燥麦芽所用的燃料种类，提到了焦炭、威尔士煤炭、稻草、木材和蕨草等，并且讨论和比较了每种不同燃料的优缺点。在使用哪种燃料这一选项上，尽管作者们各有偏好，但针对"不愉快气味"排名时，廉价的蕨草总是会饱受批判。埃利斯在书中还提出了评估麦芽质量的4种简单方法：易碎性、玻璃质粒的性状（在酶修饰之后）、叶芽长度和麦芽密度。以上这些指标也可以用一碗水和一口好牙进行快速评估。

这些早期著作还让我们对历史上研究和证实自然科学规律的事件所发生的时间和地点有一种真实感受。高温干燥实验表明，"干燥炉中的火越旺，保持时间越长，谷粒中盐类和脂类受到的影响就越明显，进而引起麦芽的色度发生改变。由于火的作用，（艾萨克·牛顿说），还有微妙的溶解和腐败作用，使麦芽中的颗粒进一步分解变成黑色。"尽管这个假设是正确的，但是很多年之后才由法国化学家路易斯·卡米尔·美拉德（Louis Camille Maillard）等科学家最终证明麦芽的颜色是氨基酸和糖类相互作用的结果。

3.4 19 世纪早期

19世纪20年代，英国的酿造工业实现了重大变革。酿酒师们开始越来越多地采用科学方法和探究手段。这一时期，出版了首部介绍液体比重计使用的著作，酿酒基础化学的相关著作也出现在了酿酒师的书架上。在当时，并不是所有的科学发现都经得起时间的考验，比如乔治·魏格纳（George Wigney）发现氧的断言，"氧是酸的来源……在啤酒中，氧的存在可能造成产生醋酸味。"

即使是出于好的愿望，但科学的进步却不是件容易的事，科学成果也不能总是很快被接受和采用。当年轻的詹姆斯·贝维斯托克（James Baverstock）将温度计带进他父亲的奥尔顿酿酒厂时，"他只能偷偷地使用，以免父母因这种'实验性的创新'而发怒"。1768年，还是不顾父亲的反对，贝维斯托克拿到了最新研发出的液体比重计。他发现这个工具非常好用，还与来自伦敦的首席酿酒师塞缪尔·惠特布雷德（Samuel Whitbread）先生分享了他在酿造过程中使用液体比重计的经验。但是惠特布雷德对他这个新生事物却不感兴趣，生硬地回绝了他："回家去吧，年轻人，好好做你自己该做的事，不要沉迷于这种空想。"所有的现代酿酒师都应该庆幸，贝维斯托克并没有听从惠特布雷德的警告。1824年，液体比重计获得了广泛使用并被列入酿造工具清单中，政府甚至根据用它测量出的麦汁度数来征税。

从家庭作坊式制麦到大规模商业制麦的转变与商业化酿造的发展并不是同步的。虽然比重计在酿造业内被广泛接受，但却迟迟不被制麦者所接受。维格尼注意到，有些制麦者具有反机械化的倾向，"还没有人强烈建议将比重计引入麦芽厂，但我不能放弃这个目标……通过这个简易工具，制麦这项技艺将不再受限于不懂专业知识的操作工所犯的错误。"由于制麦者不想也没有能力采用新技术和新工艺，因此当时这些新技术并没有得到广泛认可。正如贝维斯托克所说，"制麦这项工艺通常仅依赖于那些没有专业知识的劳动工人。他们关心的是浸麦和机械地翻动麦芽，除了关心每项劳动要花费几个小时之外，他们并不关心其他任何变革。"

事实上，20世纪早期之前的所有麦芽都是人工"耙"出来的。因为没有使用机械制冷，所以只能在每年的10月份到翌年5月份制麦，通常每隔3~4天就可以开始一批新麦芽的制备。一名成年男子可以负责10~15"夸特"①的劳动操作，每批制得大约2t麦芽。工业化时代之前的制麦大多数情况下取决于气候和季节，跟采摘啤酒花一样，制麦只是一项季节性的临时工作。在长达数月的冬天，在农场劳作完的农民就去麦芽厂充当劳动力。

干燥技术在德国、英国和美洲国家的发展过程有所不同。20世纪之前，英国是利用废弃的气井直接加热的。德国很早就开始使用间接加热的干燥炉，相关系统早在19世纪20年代就已经发明了。干燥炉的框架和物理结构随着时间慢慢演化。最初，薄薄的一层绿麦芽铺在马鬃布上面，后来变成了带孔的陶质地板。大约在1875年，第二次工业革命期间，带孔的金属、金属丝布和楔形金属丝板又逐渐取代了地板。

船只和火车等运输工具的发展使得酿酒师能从比以前更遥远的地区采购麦芽，也能把啤酒卖到更远的地区；因此，在1840—1870年，英国伯顿（Burton）地区爱尔啤酒的产量增加了将近20倍。伯顿一度需要从当地100家麦芽厂购买麦芽才能满足供应。

英国政府通过税收和法规来规范英国制麦行业。早在1325年，王室就对麦芽进行征税和管理。1548年，爱德华六世颁布《麦芽制造法令》（*A True Bill for the Making of Malt*），宣布制麦过程不得少于21天。麦芽税法于1697年通过，一直执行到1880年，对怎样制麦做出了明确规定，并带来可观的税收。麦

---

① 夸特最初是一种体积度量方法。随着演变，现在1夸特大约等于336磅（152kg）。

芽和啤酒的税收额度占到英国总税收的四分之一（大约是土地税的2倍），也因此资助了英国的殖民扩张和军事行动。

制麦者（尤其是苏格兰人）对征税和相关法规不满。1724年，英国政府想通过麦芽税筹集20000英镑，因此在英格兰和苏格兰对每蒲式耳麦芽分别征税6便士和3便士。但是最终税收没有达到目标，却给制麦者带来了沉重负担。制麦者拒不交税，以至于1725年英国政府只收到了11英镑2先令的麦芽税。在爱丁堡，政府派出士兵强制收款时还发生了暴乱，最终9人因此丧命。

由于涉及数额巨大的税收，英国政府对麦芽税的征收采取了很多监管手段，以确保法律的执行。比如，法律要求麦芽厂必须进行生产和存货记录，提前递交制麦计划通知单，详细说明生产时间，并且接受税务人员自由访问。到1827年，制麦相关法律已经包含101条单项处罚规定，而且每条规定都涉及巨额罚款。

在英国，税务人员的出现甚至影响了制麦设备的构造，从而严重阻碍了创新。在当时，制麦操作包含浸麦、控水、地板发芽、凋萎和干燥。浸麦容器是一个规定尺寸的贮水池，一般由铁、石板或者水泥做成。经过3天浸泡后，将浸湿的大麦转移到敞口的麦芽床中开始发芽。在此期间，税务人员通过测量吸水膨胀的大麦层的厚度来确定制麦者需要缴纳的税金。当出现第一根幼根之后，将带幼根的麦芽转移到发芽地板上。发芽结束后，将绿麦芽干燥或者凋萎，然后再去焙烤。

在整个制麦过程中，税务人员要进行数次测量。他们记录浸麦和控水期间大麦的实际体积，以用于计税。因为谷物经过吸水和生长，其体积会增加。因此狡猾的制麦者会减少浸麦和控水期间的用水量，而在发芽地板上补充洒水以控制麦芽生长，从而降低税金估值。为了限制这种情况，王室制定了一条法令，规定在浸麦之后12天内不允许向谷物上洒水，除非浸麦时间超过50小时。即使在后一种情况下，浸麦之后4天内也不允许向谷物上洒水。

制麦者一旦被发现在控水阶段有试图压缩谷物体积的行为，将被处以总额高达100英镑的罚款。麦芽厂工人违反任何一条法令都会被逮捕，而且一旦定罪，会被判刑3~12个月，"在整个服刑期间，工人一直要做苦役"。历史资料证实，那些法规很苛刻，并被整个行业所诟病。

尽管19世纪早期的大多数英文史料的关注点都是大不列颠群岛，但实际上全世界范围内都在生产麦芽和啤酒。南北战争之前，美国的啤酒酿造业规模很小，殖民地的人们喜欢烈性的苹果酒胜过啤酒。1810年，美国酿酒厂的总产量不足200000桶。到1850年，虽然酿酒业有了一定发展，但全国总产量仍不足100万桶。在后来的50年里，美国总人口翻了两番，啤酒产量也随之增长了100倍。1830—1890年的大量德国移民加速了啤酒产量的增长。人口压力和1848年的欧洲革命（德国最终在1871年实现统一）影响并激发了美国中西部酿酒工业和制麦工业的强劲发展。

在此次快速增长之前，殖民时期的美国酿造业一直紧跟英国的技术。一份档案资料显示，除了防止鼠患，后革命时代的酿酒师应该知道"麦芽保存超过12或18个月，很容易滋生象鼻虫。一旦你的麦芽中滋生了象鼻虫，最简单的驱除办法就是放4~5只龙虾到麦芽堆上，因为龙虾的味道会驱使象鼻虫很快逃离麦芽堆，逃到墙壁上。这时你就可以用扫帚将其扫除下来，这个简便的方法能够让麦芽堆中的象鼻虫一个不剩。"我不禁要问：昆虫侵食、老鼠的排泄物和腐败甲壳动物的气味，这些是否就是造成美国早期啤酒消费量少得可怜的原因呢？

3.5　1880年的革新

19世纪80年代标志着经济的极速扩张，因而又被称为"镀金时代"（the Gilded Age）。快速兴起的各种技术，如电学、铁路和摩天大厦开始重新定义现代生活。动力和机械工程必然从根本上改变人类，布鲁克林大桥就是一个鲜活的例子。在这个工业时代，机械动力慢慢取代了人力，钢铁取代了木材，而制麦也从一个人要熟知整个过程方方面面的行业演变成商业化的、由许多不是熟练工人也可以驾驭的利润驱动的规模化工业。1880年，英国废止了征收多年的麦芽税，加上技术上的开创性发展，制麦行业的新时代即将到来。

随着城市化的进程，酿酒厂和麦芽厂不得不进行扩张以满足大量城市人口的需求。但人们仍然采用传统方法制麦：在地板上发芽，由人工搬运；制麦间的温度通过开关窗户或百叶窗、打散麦芽床以及犁沟或翻动等操作进行调节。由于这个产业需要雇用大量劳动力，而且劳动时间也很长，所以"麦芽厂的成功与否在很大程度上取决于管理者……他要对厂里所有的工人负责。"由于无法满足产量增长的需求，劳动密集型制麦的缺点和巨大的时间投入等制约因素变得愈发明显。

制麦时代

　　1934 年，美国禁酒令结束后不久，阿诺德·沃尔（Arnold Wahl）便详细列举了地板式制麦遇到的问题。

　　"麦芽成品的质量很大程度上取决于制麦者无法控制的因素，如气候、温度和天气状况等，以至于只有在春季和秋季才可能成功地生产麦芽。因此，只有 5~6 个月的时间适合制麦。操作中的控制和调节也是不确定的，夜间，工人们常常罔顾工作职责，这些对产品质量十分不利。还有，因为繁忙的春季里需要不断翻动麦芽床，这项枯燥的工作令人生厌，结果麦芽厂的工人宁愿选择离开这个行业而去酿酒厂寻找更中意的工作，因为这时候酿酒厂也恰好需要大量人工。50~100t 的物料在浸麦池中、在地板上、在干燥炉里等待处理，而工人们却都离开了。面对这样的局面，制麦管理部门该怎么办呢？虽然工人作为工会会员有义务接受分配给他们的工作，并回到工作岗位，但是如果他们罢工，管理部门根本束手无策。"

　　为了克服地板式制麦的局限性，即需要大量劳动力和空间，涌现出了很多有创造性且简单易行的解决方案，其中许多举措沿用至今。3位法国人——R·德乐兹（R.d'Heureuse），尼古拉·嘎朗（Nicholas Galland）和居尔·萨拉丁（Jules Saladin）——各自分别发明了有重要影响力的气动制麦技术。德乐兹的空气处理专利是利用自由流通的空气使大麦发芽。嘎朗通过输送含有饱和水的冷空气，实现对大麦发芽过程的控制，并将产生的CO_2随气流排出，这项技术于1874年被授予专利。嘎朗后来又将关注点转向"翻麦"这一操作，最开始他发明的鼓式制麦系统于1885年在柏林安装，1889年，美国密尔沃基也安装了这套系统。Galland-Henning鼓是用辊轴支撑的大型不锈钢筒，还配有强制风道，可以定时翻动麦芽以确保发芽均匀一致并防止麦芽缠绕。麦芽厂安装了成排成排的鼓。每个麦芽厂的产能不同，但是能处理10000磅大麦的麦芽厂并不少见。即使鼓式制麦系统在20世纪初取得了巨大成功，并且后来又经制麦设备发明家蒂尔登（Tilden）和波比（Boby）等不断改进，但在现代麦芽厂中已很少能见到该系统。

　　嘎朗的发明显著提高了麦芽品质（也从而提高了啤酒品质），因此在1882年，德国作家兼麦芽专家肖希翁（Thausing）写道："从各方面来讲，麦芽质量都有了很大提高，这得益于整个发芽过程能够在均匀一致的低温下进行。在有些麦芽厂，比如佩里麦芽厂（Perry's），原来的制麦系统和新系统同时都在运行，在这里，你会发现两种麦芽之间味道的差异十分明显。用原来的老方法生产的麦芽经常会有霉味，而采用嘎朗的新系统生产的麦芽则完全没有这种气味。"

上文提到的3位发明人中，萨拉丁的创新所带来的影响最持久。他发明的基于隔间的制麦技术沿用至今。萨拉丁箱是长方体的、敞口型的发芽隔间。风室位于带孔的假底下面，大麦则在假底上面。加湿后的冷空气鼓风通过大麦层，可穿过55~60英寸（139.7~152.4cm）厚的麦床。大麦层厚度增加意味着每次可以干燥更多的麦芽，而地板式制麦大麦层的厚度只有4英寸（10.16cm），处理同样多的物料就需要更大的空间。

萨拉丁针对翻麦操作也提出了自己的解决方案，其灵感来源于一天晚上吃晚饭时他偶然将螺旋开瓶器拧进了装盐的瓶子。除了气流，萨拉丁箱还在横穿发芽床的支架上安装了大型旋转螺杆。萨拉丁的发明，加上后来芝加哥工程师普伦茨（Prinz）的改进，之后被命名为"Saladin-Prinz"系统，这一系统在美国获得广泛应用。眼尖的历史学者们还能在英国国内的一些老麦芽厂机器上找得到Saladin-Prinz的铭牌（图3.2）。

图3.2　在一家关闭的麦芽厂中找到的Saladin-Prinz铭牌

在整个英吉利海峡地区，亨利·斯多普思（Henry Stopes，1854—1902年）对制麦和酿造工艺做出了巨大贡献。他在1885年出版了富有深刻见解的《麦芽和制麦》（*Malt and Malting*）一书，该书在快速变化的行业中称得上是技术性的杰作，并且在今天仍然是这方面的重要著作。亨利是一位充满活力的人。他还是建筑师、古生物学家、酿酒师，还是英国著名的计划生育倡导者玛丽·斯多普思（Marie Stopes）的父亲。

斯多普思在结束他的欧洲大陆酿酒厂参观之旅后指出，"酿酒厂最大的失败就是没能满足酿酒所必需的工作量"，于是他在英国科尔切斯特开始着手设计并建造酒厂。19世纪80年代，他使用自己的系统设计（图3.3）和改造了多家麦芽厂，还定期举办关于酿酒和制麦的讲座。斯多普思利用现代建筑工艺设计了技术先进的巴雷特的沃克斯豪尔（Barrett'Vauxhall）酒厂（图3.4），这座酒厂的标志性特点是在其119英尺（约36.27m）高的塔楼上面有一个用灯装饰的可旋转啤酒瓶。在当时它是欧洲最高的酿酒厂，而且那根147英尺（约44.8m）高的标志性烟囱看起来很像他专利中的螺旋止链器。尽管有些设计师认为斯多普思的建筑不够美观，但没有人质疑该酒厂1/4的重力地基系统（没有任何一种管路配件）简直就是一个工程奇迹。

麦
芽

图3.3　早期萨拉丁设计的概念图纸（Stopes, 1885）

图3.4 位于英格兰沃克斯豪尔旺兹沃思街87号的巴雷特（Barrett'）酒厂和灌装公司（Henry Stopes利用当时的最新技术设计了巴雷特酒厂的部分建筑，包括入口处的旋转啤酒瓶。该图由Richard Greatorex提供）

3.6 税收和法规

"自由糖化锅"运动（该运动使得收税对象由麦芽厂变为酿酒厂）的推行纵容人们开始使用品质不佳的大麦和麦芽。英国的麦农预见了税法改革，但他们误认为这会使大麦的销量上升。令他们非常气恼的是，麦芽厂和酿酒厂反而选择去购买外国更便宜的大麦。因此，来自土耳其、美国加利福尼亚州、智利、印度和欧洲大陆的大麦涌入英国的麦芽厂和酿酒厂。酿酒师们认为颜色明亮的进口六棱大麦能提高啤酒的稳定性。税收对象的改变还促使英国酿酒业开始使用辅料，这使英国国内的大麦市场进一步受到压制。

这段时期麦芽糖化的操作规范中包括不允许使用"干瘪的、发霉的、坚硬的（发芽不充分的）、发芽过度的、处理不充分或者处理过度的"等各种品质不好的大麦。制麦师兼作家撒切尔（Thatcher）给酿酒师们提供了一些简单的建议："如果不得不使用发霉的谷物，那么酿酒师应该想一些办法避免让成品啤酒坏掉。建议酿酒师可以采用以下混合配方：50%的霉变大麦芽，20%的士麦那（土耳其西部城市，出产优质麦芽）麦芽或者其他品质良好的进口大麦芽，10%的玉米和20%的糖。"

有经济头脑的酿酒师还想如何在大规模酿造时保持啤酒品质的一致性，所以他们需要大量品质一致、价格优惠的大麦芽。对于小型麦芽厂，排挤还在加剧；工业化规模生产的麦芽厂能更好地满足大型酿酒厂的要求，资金充足的麦芽厂能够更方便地得到更便宜的进口大麦，因此更具竞争优势。

在"免费糖化锅"运动之前，农庄已经被免除了麦芽税。麦芽税的废除否定了农庄在麦芽生产和酿酒方面具有很大的经济优势，从而导致了小型乡村酿造业的衰落和大型工业化酿造业的兴起。

这种现象不仅仅出现在英国和欧洲大陆。在美国，税收和法规也指导和影响了工业化的发展进程。为了保证快速增长的美国酿酒厂的需要，一部分大麦的种植转移到了加拿大。1882年，关税委员会向国会提交的报告中提到，进口到美国的成品麦芽被征收20%的关税，而每蒲式耳（体积单位，在美国，1蒲式耳大麦=21.772kg）的原大麦则统一收取0.15美元的税金。考虑到大麦成本和制麦损失，加拿大的制麦者比美国国内制麦者具有明显的价格优势。最后，麦芽进口量从1875年的144487蒲式耳飙升到1881年的1100000蒲式耳。

很显然，政府对麦芽生产影响最大的法规是多年之后颁布的禁酒令。大规模禁止酒精消费意味着啤酒不再受关注，消费者的注意力转移到了麦芽和麦芽提取物上，它们主要用于制作焙烤食品。尽管家用麦芽的销量有所上涨，但麦芽厂和酿酒厂一样，难以为继，很多麦芽厂因长期没有啤酒厂的订单而倒闭。

3.7 后续发展

各种技术类期刊上刊登的激烈辩论显示出专业人员对大麦是多么热爱。《华尔手册》（*The Wahl Handbook*，美国一本重要的酿造书，听起来好像是介绍推销策略的书），颂扬了六棱大麦用于酿造美式啤酒（以其他谷物作辅料）的优点。今天，大多数酿酒师仍然偏爱使用蛋白质含量较低的大麦和麦芽。具有讽刺意味的是，华尔认为生长于蒙大拿州和加利福尼亚州的低蛋白质含量的二棱大麦容易造成啤酒浑浊，这个观点与啤酒浑浊的现代理论完全相悖。著名的德国酿造科学家林特纳认为，大麦理想的蛋白质含量应为10%左右。华尔主张美国大麦应该有更高的蛋白质含量（12%~13%），而实践证明林特纳的观点是正确的。酿造科学家哈斯（Haase）和温迪施（Windisch）[1] 也加入到关于大麦蛋白质含量的公开辩论中。有人用两种分别来自两个州的不同大麦（来自蒙大拿州的蛋白质含量为9.23%的大麦和来自明尼苏达州蛋白质含量为15.16%的大麦）做了一个实验，结果表明，用高蛋白质大麦酿造的啤酒冷稳定性更好，巴氏灭菌后的稳定性也更好，口感更饱满，泡沫稳定性更好。本书第8章将对大麦品种的发展历史进行深入探讨。

20世纪60年代研究开发出了塔式制麦系统。大型循环通风发芽和干燥室的设计制造使得自动化和卫生状况都得到了提高。相比100年前，今天的麦芽厂用更少的工人和设施能生产出更多的麦芽。尽管过去的一些工种如今不再被需要，工人们还是会为生产力的提高而感到高兴。因为在那个年代，翻动干燥炉中的麦芽时，工人们有时候不穿衣服，而仅仅在脚上套个布袋子以防止被烫伤。

参考文献

[1] Thomas Fuller, *The History of the Worthies of England.* (London, UK: Nuttall and Hodgson, 1840).

[2] DR Piperno, et al. "Processing of wild cereal grains in the Upper Paleolithic revealed by starch grain analysis", *Nature* 430 (2004): 670–673.

[3] James Serpell, *The Domestic Dog: Its Evolution, Behaviour, and Interactions with People,* (Cambridge, U.K.: Cambridge University Press, 1995).

[4] Brian Hayden, Neil Canuel, and Jennifer Shanse, "What Was Brewing in the Natufian? An Archaeological Assessment of Brewing Technology in the Epipaleolithic". *Journal of Archaeological Method and Theory.* 20 (1) 2013:102–150.

[5] Solomon H. Katz and Fritz Maytag, "Brewing an Ancient Beer". *Archaeology.* 44 (4): (July/August) 1991: 22–33.

[6] D. E. Briggs, *Malts and Malting,* 1st ed. (London: Blackie Academic

① 林特纳和温迪施都是德国酿造科学家，他们提出了测定麦芽酶活力的方法。今天的麦芽分析方法中仍在使用°L（译者注：我国的国家标准不采用）和 Windisch‑Kolbach 单位。

and Professional,1998).

[7] W. L. Tizard, *The Theory and Practice of Brewing Illustrated.* (London: Gilbert &Rivington, 1850).

[8] John Bickerdyke, *The curiosities of ale & beer: an entertaining history.* (London: Field &Tuer, 1886).

[9] Reginald R. Sharpe (editor), "Folios 181 – 192: Nov 1482 – *Calendar of letter-books of the city of London: L: Edward IV-Henry VII*", British History Online:1899, http://www.british–history.ac.uk/report. aspx?compid=33657.

[10] William Harrison, *Description of Elizabethan England, 1577,* (Whitefish, MT: Kessinger Publishing, 2006).

[11] Bernard Quaritch, *The Corporation of Nottingham, Records of the Borough of Nottingham: 1399-1485.* Published under the authority of the corporation of Nottingham. (London:UK, 1883).

[12] William Ellis, *The London and Country Brewer, The 3rd ed.,* (London: Printed for J. and J. Fox, 1737).

[13] Michael Combrune, *An Essay on Brewing With a View of Establishing the Principles of the Art,* (London: Printed for R. and J. Dodsley, in Pall–Mall, 1758).

[14] George AdolphusWigney, *A Philosophical Treatise on Malting and Brewing.* (Brighton, England: Worthing Press, 1823).

[15] James Baverstock and J. H. Baverstock, *Treatises on Brewing,* (London: Printed for G. & W.B. Whittaker, 1824).

[16] George AdolphusWigney, *A Philosophical Treatise on Malting and Brewing,* (Brighton, England: Worthing Press, 1823).

[17] James Baverstock and J. H. Baverstock. 1824. *Treatises on Brewing.* London: Printed for G. & W.B. Whittaker.

[18] Christine Clark, *The British Malting Industry Since 1830,* (London, U.K. Hambledon Press, 1978).

[19] _____, *The British Malting Industry Since 1830,* (London, U.K. Hambledon Press, 1978).

[20] John Covzin. *Radical Glasgow: A Skeletal Sketch of Glasgow's Radical Traditions,* (Glasgow: Voline Press, 2003).

[21] George William Thomson Omond, *The Lord Advocates of Scotland,* (Edinburgh: Douglas, 1883).

[22]   William Ford, *A Practical Treatise on Malting and Brewing.* (London, U.K. Published by the Author, 1862).

[23]   Joseph Coppinger, *The American Practical Brewer and Tanner,* (New York: Van Winkle and Wiley, 1815).

[24]   Julian L. Baker, *The Brewing Industry.* (London: Methuen & Co., 1905).

[25]   Arnold Spencer Wahl, *Wahl Handybook,* (Chicago Wahl Institute, Inc., 1944).

[26]   Julius Thausing, Anton Schwartz and A.H. Bauer, *The Theory and Practice of the Preparation of Malt and the Fabrication of Beer,* (Philadelphia: H.C. Baird & Co., 1882).

[27]   Lynn Pearson, *British Breweries-An Architectural History,* (Hambledon Press. London, U.K., 1999).

[28]   Frank Thatcher, *Brewing and Malting Practically Considered.* Country Brewers' Gazette Ltd., (London, 1898).

麦芽厂之旅
——英国的地板式发芽

地板式发芽是最早的商业麦芽生产工艺，并且一直延续至今。将浸湿的大麦倾倒在干净的水泥地板上，然后铺成薄薄的一层进行发芽。这种传统的乡村地板式发芽，立刻使我们想到了从前单纯质朴的时代，记忆中还有铁铲的影子。

沃敏斯特镇位于英国历史文化名城巴斯南部，这里的制麦历史可以追溯到1554年。沃敏斯特麦芽厂成立于1855年，现如今是当年镇上36家麦芽厂仅存的一家。事实上，整个英国国内也只剩下为数不多的几家麦芽厂了。而成立于1831年的塔克麦芽厂，位于德文郡沃敏斯特镇东部100英里处。塔克麦芽厂已经为该地区的酿酒厂提供麦芽长达180年了，其麦芽均是由当地种植的大麦制成。

传统的地板式发芽方法与现代制麦方法十分相似，但也有一些明显区别。传统方法中浸麦、发芽和烘干这几个步骤是在不同地方独立完成的，而现代制麦工艺中浸麦和发芽在同一个容器中完成。

■ 在沃明斯顿，翻麦仍是一项体力活。翻麦的步骤和牵引方法是由村子里的青壮年男子们几百年的实践得出的。

地板式制麦和现代强制通风制麦之间最大的区别应该是在发芽阶段。前者是将浸湿的大麦以大约15cm的厚度铺展在发芽地板上，发芽期间需要手工翻动大麦形成犁沟，同时起到清理幼根、排除CO_2、控制温度的作用，每天要重复数次，具体次数根据需要进行调整。手工操作的优点是方便灵活，最终目的是使所有麦芽之间发芽差异尽可能小。

而在现代麦芽厂中，发芽床的厚度通常大于1m。发芽期间需要用螺杆翻动大麦，并从带孔的底板将潮湿的空气强制通入麦芽床。尽管目前对这两种工艺究竟哪种造成的温度和湿度差异更大尚无定论，但可以肯定的是，地板式制麦相对更慢、自动化程度也更低。

在沃敏斯特麦芽厂，所有操作都是在一座结构紧凑的两层建筑中完成的。浸麦阶段首先要将大约10t大麦投入加砌了防水层的凹坑里，然后向坑内注水。两三天之后，定期排水，然后再注水，直到大麦水分含量达到50%左右。接下来，大麦被转移到2000平方英尺（186m²）的混凝土地板上，放置大约5天。在这期间，开始出现幼根，这时如果不加以控制，麦芽会紧紧纠缠成一团，最终因缺氧、自我抑制而死。制麦工人必须用手动的犁或者机器翻动大麦使其疏松通气，保证每粒大麦能相对自由地活动，保持麦芽生长速度的一致性，防止霉菌生长。温度和湿度的控制主要通过洒水、调整麦芽床厚度、开关窗户等方法结合起来得以实现，在夏天最热的时候还需要使用空调。

在处理地板式发芽中的麦芽时，铲子是不可或缺的，但也会使用其他工具，比如电动罗宾逊翻麦机。罗宾逊翻麦机类似于老式的前推式割草机或者旋耕机，当它的桨转动时，麦芽床上的大麦会被弄乱并进行重新分配。麦芽耙的用法则是将麦芽抓起再颠几下将其打散。尽管每天都要用罗宾逊翻麦机翻麦，但是在发芽快结束时，还需要增加人工翻麦次数，每天4次左右。

将麦芽移入干燥炉时，Reddler电铲便派上用场。实际上，这个电铲就是一个用缆绳和绞盘牵引的水平犁片。操作者通过一对手柄来控制它，这比使用独轮手推车和铲子明显省力多了。但翻动麦芽的工作本质上还是个体力活。

塔克麦芽厂在20世纪70年代才配备电铲。在这之前，需要12个强壮的男人用铲子和独轮手推车将这些又重又湿、纠缠在一起的绿麦芽从地板上转移到干燥炉里。塔克麦芽厂的理查德·惠勒这样记述："如果一切都进行得顺利，不出什么问题的话，翻麦要花2~2.5小时。但有时也会出现问题，比

沃敏斯特麦芽厂的制麦工具

如麦根纠缠在一起，或者升降机卡住。将所有物料卸到干燥室的地板上以后，还需要4个人拿叉子弄散。在干燥炉撒布器出现之前，那真是一项艰苦的工作。"

如今，沃敏斯特麦芽厂和塔克麦芽厂的干燥室设备都已经升级成更加现代化的设施。1980年，塔克麦芽厂用以燃料油为热源的金属网线地板替换了20世纪60年代的用煤火加热的带孔瓷砖。一个12~15英寸（30.5~38.1cm）高的绿麦芽床进入干燥炉后，会通过带孔地板鼓入热空气，40小时以后完成干燥（成为浅色麦芽）。

地板式发芽工艺受很多酿酒师推崇，因为他们觉得地板式发芽制出的麦芽比现代工艺制出的麦芽风味更复杂。这或许是因为地板上残留的一些微生物。大麦种类也可能有很大影响。沃敏斯特的克里斯·加勒特（Chris Garratt）评论道："几年前，为了证明大麦品种对啤酒特点和风味有影响，我们在加拿大酿酒与制麦研究院做了一项研究。第一年，我们所用的麦芽来自英国的各个制麦厂，但我们发现用这些麦芽样品酿出的啤酒风味和香气差异非常大，以至于我们很难分辨到底是不是大麦种类带来的差异。对于同一大麦品种，地板式制麦和工厂化制麦得到的产品有显著差异。第二年，我们用的麦芽都由研究院制备，便可以很容易地测定出品种差异。尽管第一年的研究成果并未发表，但我坚信地板式制麦工艺对啤酒风味和香气有特殊的影响。沃敏斯特的麦芽散发出的香气非常独特。我们的制麦历史可以追溯到19世纪中期，我很确信我们的制麦设施和沿用至今的长时间制麦方法本质上会对麦芽品质产生影响。"

4

第4章
从大麦到麦芽

约翰·亚布洛夫斯基斯（John Jablovskis）是Bell's Eccentric Cafe餐厅的常客，提起过他们家在19世纪90年代从拉脱维亚移民来美国时带来的制麦方法："把一些麦芽润湿，放在温暖潮湿的地方，等待发芽，把麦芽像面包一样放在烤炉里烘干。"这个简单且古老的方法包含了制作麦芽以用来酿造啤酒的所有元素。但是这种原始方法生产出来的原料的色度、可发酵性、浸出率以及所有其他的参数肯定是不稳定的。虽然让大麦发芽并不难（制作麦芽的历史悠久，在人类历史中早有记载），但是生产出稳定、高品质、满足严格品类要求的麦芽仍然是一个具有挑战性的工作。

虽然亚布洛夫斯基斯的祖母在厨房里制麦芽和日产量达1000t的现代化麦芽厂区别很大，但是制麦基本的工序：浸麦、发芽、干燥都是一样的。浸麦的目的是提高大麦种子的含水量，以使之发芽。在发芽阶段，大麦种子在严格控制的环境下生长。干燥阶段则是为了降低含水量，终止生长过程，并使麦芽具有特定的色度和风味。

人类历史上出现过很多工艺来制麦。本章将带您了解制麦的基础知识，但不会过度探讨细节。

4.1 制麦——浸麦、发芽和干燥

制麦分三步：浸麦、发芽、干燥，是将大麦制成酿酒原料的过程，以便给酵母发酵提供必需的天然养分。大麦种子由胚、致密的胚乳以及保护性的外壳组成，第8章会进一步详细介绍。随着种子发芽，大麦内部的成分开始发生改变，会产生相关的酶，蛋白质开始分解。在麦芽厂设定的条件下，通过控制水分含量来启动和终止发芽。

一个商业化的麦芽厂会在浸麦、发芽和干燥阶段采取不同的工艺。在大麦进入浸麦槽之前，需要进行采购、检验、运输、贮存、分级、清理，有时需要多次重复这些环节。在干燥之后，需要将麦芽生长出来的根去掉，才能将其贮存和打包运至酒厂。除此之外，制麦的过程要进行不断的日常清洁、测试、质检。诸如废水处理等辅助工艺对于麦芽厂也是必须的，但酿酒师对此并不感兴趣。

麦芽厂设计和制麦工艺优化的目的一直都是减少产品差异、缩短工艺时间、降低制麦损失、节省成本，同时提高产品质量。随着工艺的进步和现代化发展，新设备和新理念也随着工业化的脚步改变了制麦行业。

4.1.1 浸麦前准备

制备任何麦芽前首先要保证大麦原料的质量。一个重要的因素是生物活性，大麦只有能正常萌发才谈得上制麦。另外，还有其他重要的因素包括不受病害影响［诸如可产生脱氧雪腐镰刀菌烯醇（DON）的禾谷镰刀菌（即赤霉菌）和穗枯病］、采收前发芽力的降低或者虫害。好的制麦原料还需要有以下特点：打破休眠的能力、蛋白质含量适中、种子颗粒大小均一、麦皮完整，以及破碎粒少。

大麦可以贮存在农场的谷仓，也可以运到统一的仓储地比如当地粮仓，或者直接运到麦芽厂。不管从哪里来的麦子，麦芽厂接收后都是先进行清理和分级。大麦中可能混有田间杂物，或者少量小麦或其他作物。麦芽厂的清选设备会去除麦芒和秸秆、破损粒、非大麦种子、小石子、杂物、金属碎屑、灰尘和麦皮。清选的同时，大麦会被分级（根据颗粒大小），之后会存放在来料仓中备用。

4.1.2　浸麦

浸麦工序的主要目的是进一步清洗大麦并使之水分升高。浸麦一般是在专门的浸麦槽或其他多功能设备（图4.1），例如浸麦发芽烘干一体机（SGKV）中进行。麦芽厂接收的大麦一般水分约在12%。浸麦会将大麦含水量提高到43%~48%。大麦会随着含水量的增加而膨胀，体积可增加40%。

图4.1　圆发芽箱（直径28m，深1.6m。一批大麦投料量可达400t，即大约200英亩（约$8.1 \times 10^5 m^2$）土地的大麦产量）

用于浸麦的水要洁净优质。好几道操作工序中水会被加热或冷却到特定温度，以严格满足制麦工艺要求。当大麦和水混合在一起时，谷物表面的一些微生物会被水洗掉。清选后仍旧残留的麦秆或其他密度较低的田间杂物就会在首次浸麦时漂到水面上。这些需要去除的物质会随着水通过发芽箱（图4.2）的溢流口排出，再被收集处理。

随着大麦浸泡在水中，泥土、微生物和其他杂质也混在水中，使水变得浑浊。通过重复"断水—浸泡"两三个循环，这些杂质会显著减少。在浸麦过程中，麦粒会持续吸水，代谢逐渐旺盛。这时需要氧气，胚芽如果得不到足够氧气就会窒息。浸泡和断水的过程会给胚芽提供接触氧气的机会，在干浸时空气在风机作用下穿透麦层，同时带走大麦呼吸所产生的二氧化碳。压缩空气会从浸麦槽底鼓出，帮助杂物从麦层中翻滚出来漂浮至水面，鼓气的同时也保证了

图4.2　将浸渍后的大麦从浸麦槽运至萨拉丁发芽箱中（大麦通过泵送运输，并由人工铺平）

大麦充足供氧。

一个现代化麦芽厂（图4.3）典型的40小时三浸工艺如下：首先是9小时湿浸，9小时干浸，6小时湿浸，6小时干浸，5小时湿浸和5小时干浸。此工艺循环可保证每两天出一批麦芽，且有充足时间清洗生产线。夏季可缩短浸麦时间，因为较高的温度会加速大麦的新陈代谢。

与现代化麦芽厂相比，100年前大麦发芽过程需要几个星期，如第2章提到的那样。规模大的麦芽厂显然经济性更好，提高盈利水平也是制麦工艺改进的主要目的之一。随着人们对制麦工艺蕴含的科学原理的理解加深，加上工艺优

图4.3　现代化麦芽厂的浸麦槽（12个槽可处理200t大麦。萨拉丁发芽箱位于浸麦槽的正下方）

化，以及现代大麦品种的改良，每轮制麦的时间大大缩短。尽管现代化生产效率得到了提高，但不是所有的酿酒师都认同这种以单纯提升效率为目的的做法，有人已经开始追求能够给他们的啤酒风格带来更好风味的麦芽。

4.1.3 发芽

经过浸麦，现在吸饱水的大麦已经做好发芽的准备了。如果有专门的发芽区域，一般都是先把水排掉再过料，不过也可以带水一起过料。传统的发芽方法是将大麦在地上铺一薄层（3~6英寸厚，即7.62~15.24cm），通过不断翻麦，使大麦可以充分接触氧气和排出二氧化碳。麦层的温度可以通过堆起或铺平大麦来调控。现代化麦芽厂的通风系统对空间的利用更加高效，麦层可以深达55~60英寸（139.7~152.4cm），由电动鼓风机来控制。

条件适宜时，大麦的根芽开始从麦粒的胚端长出来，看到长出根说明发芽阶段开始了，如果在浸麦阶段通风良好，到达发芽箱的时候就已经开始露点了。如果任其生长，这些根就会相互缠绕纠结在一起，最终影响麦层通风，直至闷死麦芽。为了避免闷死麦芽（以及随之而来的腐烂）需要不断翻动麦层使根系分离。如今现代化的发芽箱自带的翻麦设备（萨拉丁始创）已经代替了传统的人工翻麦。

在现代化空气动力麦芽厂里，发芽可以由发芽罐、发芽箱、浸麦发芽焙烤系统（SGKV）或者发芽焙烤系统（GKV）来完成。发芽罐（图4.4）是一个巨大的圆柱形罐体，可以通过机械操作旋转以分离或混合发芽中的大麦。发芽罐

图4.4　英格兰赫特福德郡，French &Jupps厂的生产经理戴夫·沃森（Dave Watson）正在从发芽罐中取样

是19世纪的发明，现今已经不再流行了，虽然早期人们主要使用它来制麦。如今流行的麦芽箱（图4.5）是一种顶部开口、底部有打了孔的假底的设备，麦芽箱下部可进行充分鼓风。麦芽箱的上部装有滑轨，滑轨上有可移动的金属大臂，大臂装有垂直翻麦螺旋，当大臂缓慢移动的时候，垂直翻麦螺旋将麦层翻松，防止局部过热。SGKV和GKV系统（也称复合制麦系统）将几种操作的功能综合在一个设备之中，可以更加容易控制和调整不同操作的先后顺序和时长，也省去了麦芽在设备之间的转运（同时减少对麦芽的破坏）。在这些综合系统中，筛板下方的鼓风可同时用于通风和干燥。

图4.5　位于英国Tivetshall，圣玛丽格特（St. Margaret）的辛普森麦芽厂质检经理克里斯·特朗普斯（Chris Trumpess）在巨大的麦芽罐旁（这些麦芽罐直径达3.7m，长14.6m，可容纳28t大麦）

发芽容器可以是方形或圆柱形的。新的麦芽厂会设计为重力过料,建成多层圆形塔式设施。当浸麦完成时,麦芽会通过中心筒落到下层的圆形发芽箱中,在麦芽进入制麦塔的最底层——干燥炉前,每一层的转动设备如水平螺旋和垂直螺旋都起到布麦、平整和装卸麦芽的作用。

发芽过程中的水分和通风控制非常重要。通风需要事先增湿,以防止大麦失水。麦层的温度也由通风来控制。需要热能将水变成蒸汽,当空气中湿度加大时温度开始下降。有的麦芽厂会在通风前使空气通过装有喷嘴的加湿室。如果需要保持温度,会使用冷水来进一步给空气降温。有的时候还需要给麦层喷水,以补偿由于发芽呼吸作用散发的水分。

高湿度和大量有机物存在的环境也是霉菌生长的温床。麦芽厂的卫生管理是永无止境的;高压水枪和杀菌剂是常备的必需品。高湿度还会加速建筑物和设施的老化。经常性的清洁加上选择使用诸如不锈钢等耐腐蚀的材料能够延长设备的寿命,减少维修停工的时间。

随着大麦开始发芽,种子内部开始发生变化,种子的结构和组成都发生改变。种子在浸麦阶段吸饱了水之后,胚开始生长,根从种子基端冒出,叶芽开始在胚乳和麦壳之间生长。如果任其生长,叶芽会从种子末端长出,形成大麦的茎。胚乳为植物生长提供能量来源,其中含有大量淀粉,其外部被很致密的蛋白质和多糖包围。嚼过生大麦的人都知道,麦粒是很硬的。随着进一步发芽,蛋白质会被由糊粉层产生的酶分解。这个过程称作蛋白溶解,溶解从靠近胚的一端开始,最终会作用到种子末端。

检视胚芽幼叶的生长情况可以判断溶解的程度,因为这两个因素是大致相关的。还有一种简便的方法是揉捏吸饱了水但还没有发芽的大麦;溶解过程使得整个种子更加松软,变成类似面团的质感。用手指揉捏种子可以感觉出蛋白质的溶解程度。关于酶的反应和蛋白质、淀粉的分解我们会在第6章中详细介绍。

在发芽阶段的后期,湿润的"绿"麦芽需要被烘干,以免滋生霉菌或变质。干燥阶段初期,根由于失水开始凋萎。在传统的地板式发芽工艺中,这一干燥过程可达数天,从现代化制麦角度看来,这仅仅是一个附加的工序。"凋萎"现在是指干燥初期表面湿度除去之后的阶段。现代化操作都是在湿度大幅下降之前,将麦层过料到干燥炉中。

和地板式麦芽厂不同,气动麦芽厂通过巨大的风机来供风。发芽箱和干燥炉之间要有一定的距离,并需要有双层门来减少温差和缓冲风压。炉内风压很大,只需不到10MPa的压力就可以顶住大门,人力是无法推开的。

赤霉素

很多制麦者不愿谈及赤霉素（GA）的应用。GA 是一种天然且有效的植物生长激素，可以触发和 / 或加快种子发芽速度，并在商业上小剂量应用于诸如葡萄等农作物上。在发芽早期施加 GA，对可能产生问题的大麦会有显著积极效果，提高其发芽效率。这有什么不好的呢？我们为什么要回避谈论它呢？

很多制麦者认为使用 GA 是一种补救方式，用了就等于承认他们搞砸了。大卫·托马斯（Dave Thomas），在康胜公司任制麦主管多年，说道："就像酿酒师一样，制麦师总想给人一种纯粹、天然的印象。如果用了 GA，就好像承认了他们不用它就不会做麦芽一样。这就是一种虚荣和自负心理。赤霉素只能做补救方法。"

位于加拿大魁北克省的弗隆特纳克麦芽厂（Malterie Frontenac）的布鲁诺·瓦尚（Bruno Vachon）觉得用 GA 成本太高，也不太好控制，而且还不符合德国的《啤酒纯酿法》规定。他认为一个合格的制麦师应该有能力处理好这些大自然的馈赠。"就像淀粉酶在酿酒中的应用一样，有的人会使用 GA，但一般不会对外公开。"许多麦芽厂都会偶尔往有问题的麦芽批次中偷偷添加 GA，这一点都不奇怪。只不过使用量各异而已，但一般每 10000 磅（4536kg）添加 0.5~1g 就差不多了。

GA 的使用面临着道德和荣誉感的双重挑战，低剂量的 GA 对大批次制麦来说作用是有限的，即使由一个经验丰富的制麦师来做这事也一样。GA 对于未露头的麦粒来说作用较大。而对于快速发芽的大麦，可能会出现严重的副作用。一旦使用过量 GA，麦芽生长过快，导致制麦损失提高。大卫·托马斯将其形容为"火上加油"。

也有的制麦者明确表示允许或禁止使用 GA。对于高蛋白质含量、低发芽率或高水敏性大麦，GA 的少量应用可以有显著改善效果。尽管 GA 的好处这么多，如果在公开场合问起制麦者，一般得到的答案是"我们不用 GA。"

4.1.4 干燥

干燥的主要目的是去除谷物的水分。随着不断加热，麦粒中的水分逐渐脱除，发芽过程停止，麦芽的颜色加深，各种风味开始显现。在制麦其他阶段同样有影响的因素也用以调控干燥过程，即时间，温度和水分。利用对风速的调控，可以改变大麦溶解程度，因此制麦者能够通过美拉德反应（在高温下氨基酸与糖类反应的结果）使麦芽产生各种各样的风味和类黑素。在焙烤期间，一些酶被破坏，麦芽最终的酶活性也就固定下来了。通过控制时间、温度和水分，焙烤极大影响了酶的失活。举一个例子，用低温来干燥蒸馏酒用的麦芽可以最大化地保存酶的活力。

为了贮存麦芽，要将其中水分去除。去除水分还有个好处，就是能极大减轻重量便于运输，使得干燥后的运输工作轻松一些。图4.6所示为将麦芽从发芽箱运至干燥炉。

干燥可大致分为两个阶段：凋萎和焙烤。凋萎的目的是去除水分。简而言之，谷物种子中的液态水会转移到表面并蒸发。蒸发过程（从液体到气态）通常需要外部加热。干燥的热空气穿过麦层带走水的同时冷却下来。在大部分水分被除去后，热空气不再被谷物中的水分所冷却，这是个"突破点"是焙烤的开始。这时，随着空气温度增加，麦芽颜色开始加深并产生香味。如果当大麦还在湿润的时候就升高温度，大麦中的酶将被严重破坏，从而产生截然不同的麦芽。

历史上，制麦者们用过不同的工艺来干燥麦芽。现代制麦者对工艺进行了优化，如今大多数麦芽厂在干燥塔中将热空气通过麦层干燥麦芽。热空气比冷空气携带湿气的能力强，空气中的水分含量会直接影响麦芽干燥的速度和效率。如果空气进入麦芽烘干塔时的含水量本身就很高，它就不能吸收更多的水分。在冬天，寒冷干燥的空气湿度小，加热鼓入干燥塔时有很强的水分去除能力。相反，炎热和潮湿的夏季空气则不太容易去除水分。

图4.6　萨拉丁发芽箱，正在将麦芽脱水运至干燥炉

尽管现在有先进的温湿控制能力，季节的气候变化还是会对麦芽生产有很大的影响。在炎热潮湿的夏季干燥麦芽耗时比冬季更久，所需温度也更高，最终产品色度也更深。"夏季"麦芽可以在冬季做出来（通过给干燥空气增加湿度），但非常淡色的麦芽（需要低湿度）就很难在夏季生产出来。

酿酒师所接触的多种多样的麦芽是通过不同大麦品种和不同干燥工艺的组合生产出来的。特淡色麦芽通过低温高风量生产。高溶解程度，加上高温高湿度条件可生产出深色麦芽。先低温烘干再高温焙烤可生产出完全不同风味的麦芽。制麦者们可以通过调整干燥中各个参数来生产出各种各样的麦芽。特淡色麦芽焙烤温度可低至76.7℃，而深色及风味麦芽的焙烤温度可达110℃。

使用燃气是加热麦芽塔以及麦芽最高效的方式。不幸的是，这么做会有负面作用；废气中可能含有一些不良物质，会改变甚至破坏最终产品。历史文献中记载了很多酿酒师对这种方式带来的不良味道的诟病。虽然20世纪改用低硫煤减少了这些杂味的出现，但这种煤炭含砷量高，会一直带到酒里，对于酿酒师来说显然又是一个重大问题。

4.1.5　异味控制

当燃烧中有氮气参与的时候（空气中氮气含量80%）会产生氮氧化合物（NO_x）。NO_x会同绿麦芽中的自由胺类反应产生亚硝胺（NDMA），是致癌物质。自20世纪70年代起，亚硝胺被列为麦芽中的有害物质，并在不久之后废除了燃烧气体直接加热的方式。由于一些雾霾严重的工业区和城区的NO_x含量居高不下，麦芽中亚硝胺含量的控制在这些地方一直是棘手的问题。一家洛杉矶附近的大型麦芽厂倒闭的部分原因，就是当地雾霾空气中高含量的NO_x，最终导致成品麦芽中亚硝胺超标。

SO_2气体中的硫，或从单质硫的燃烧中产生的硫，在有些焙烤工艺中也有应用。它可以延缓色度加深，降低麦汁pH，以及在干燥时保护酶不受破坏。它还可以减少亚硝胺的产生。讽刺的是，洁净天然气燃烧产生的亚硝胺要远远高于富硫"高污染"燃料，比如石油。在当代北美洲，每个大麦芽厂的干燥塔都是非直火加热的，不会有燃气接触麦芽，避免了异味以及任何有害物质的产生。间接加热的设施如今已经普及，它是把将气体燃烧的热量通过巨大的热交换器加热用来干燥的空气，因而接触麦芽的空气不含燃烧气体的物质。

二甲基硫（DMS）的煮玉米味是从麦芽中来的。少量的二甲基硫味道在某些种类的啤酒里（特别是传统拉格啤酒）是重要的识别特征，但DMS极易挥发，也很容易从麦芽之中以气体的形式逸散。DMS的前驱体S–甲基甲硫氨基酸（SMM）既无味道也不易挥发，但易在高温下转化为DMS，因此通常经过高温焙烤的麦芽比如英式淡色爱尔麦芽和慕尼黑麦芽中不易出现。这些"高温干燥"的麦芽通常酶活性要比它们同类的淡色麦芽低。

4.1.6　工艺操作

干燥工序是先把绿麦芽铺在干燥箱的筛板上，厚度约35英寸（89cm）。被加热的空气由下至上吹过潮湿的绿麦芽，带走水分并被排出，麦芽由下至上被干燥。当水分被带走，凋萎结束，下一阶段开始，热量将不再用于蒸发水分，开始提高麦芽的温度。这时会补充一些新鲜空气来调节进风温度。大多数干燥都是2天时间，1天凋萎，1天焙烤，然后用新鲜空气来降温并运输到存储区。

双层长方形的干燥塔被隔成为30英寸（76.2cm）宽的小格子，总宽度和干燥塔一样，这些格子固定在轴上，每隔一段时间麦芽厂的工人会翻动小格子，麦芽就掉到下层。

4.1.7　清理

干燥后，麦芽的根须变得很脆，利用除根设备可以轻易将其去除，可作为饲料。麦芽通过筛选清理，存放在储存仓中。新鲜制出的麦芽经常在酒厂表现不佳（很可能是因为批次的含水量分布不均），一般都会再存放至少3周。当同批次的麦芽含水量随时间变得均一时，粉碎和过滤会轻松很多。

4.1.8　制麦结果

酿酒师的喜好最终决定了制麦者对制麦的工艺控制。绝大多数麦芽都是浅色的，它们有很好的糖化力。在麦芽完成干燥和存放的时候, 它应当包含有所有酿酒所需的糖类和游离氨基氮（FAN）。每个酿酒师对麦芽的需求跟他们所使用的辅料（如果有的话）息息相关。类似名字的麦芽可能代表了一个工艺范围内的产品，也就是说同样的"淡色"麦芽，其特性和生产工艺可以有天壤之别。视觉上很难说清从蓝色过渡到绿色的具体界限，同样淡色爱尔麦芽到慕尼黑麦芽的界限也很难划定。探索和理解麦芽之间的差异是酿酒师最大的乐趣之一。

4.2　制麦损失

大麦被制成麦芽会损失相当大部分的质量和原物质。虽然表面上看，通过浸麦和发芽会增加质量（通过吸水），农场采收100磅的大麦最终会制出约88磅的麦芽。质量的损失原理见下例。

（1）初始的100磅大麦含水量约12%，即干基为88磅。

（2）杂质和非大麦以及破碎粒约占总质量2%。

（3）谷物发芽时的呼吸作用消耗占6%。

（4）麦根（随后被去除）占4%。

（5）最终成品麦芽含水量约4%。

因此：

$$最终麦芽质量 = \frac{100 \times 0.88 \times 0.98 \times 0.94 \times 0.96}{0.96} = 81.1磅$$

大麦和麦芽的交易单位是蒲式耳。令人困惑的是，美国农业部（USDA）制定的最初的贸易标准是用蒲式耳（Bu）来衡量的，尽管蒲式耳实际上是基于体积的测量单位（等于1.244立方英尺）。美国农业部的大麦交易标准是每蒲式耳48磅（21.77kg），麦芽的交易标准是每蒲式耳34磅（15.42kg）。因此，100磅（45.36kg）的大麦等于2.08蒲式耳，通常该数量的谷物制备的成品麦芽重81磅（36.74kg）或2.38蒲式耳。简而言之，100磅麦芽等于2.94蒲式耳。这个奇怪的体系只有美国在使用。

4.3　含水量控制

按照上面提到的麦芽理论值，100磅大麦去掉水分是88磅。如果麦芽含水量增加到46%，总重量为163磅。当含水量为4%的时候（成品麦芽）质量为92磅。中间的差别，71磅，是在干燥阶段必须去除的水分，这可要蒸发很多水！

麦芽

结论

虽然制麦步骤看似简单：浸麦、发芽、干燥，但同样的大麦可以用不同的工艺生产出不同独特风味的麦芽。如果增加更多工序，可以生产出更加不同的麦芽，现在人们会用不同的原料或其他方法来制备麦芽。下一章将介绍特种麦芽及其制备。

参考文献

Personal conversation at Bell's Eccentric Café, December 7, 2012.

5

第 5 章
特种麦芽

　　大多数的基础麦芽给啤酒酿造提供基本组分，包括浸出物、氨基氮和基本麦芽风味。特种麦芽增加了啤酒的多样性和复杂性，其中最显著的贡献就是为啤酒提供独特的风味和色泽，但这仅是特种麦芽潜在用途中的一小部分。不同的谷物、不同的加工过程以及其他原料可以创造大量特点鲜明的特种麦芽，从各个方面改变并提高啤酒的风格。

　　特种麦芽种类丰富。广义来说，除了基础麦芽之外的都是特种麦芽，因此特种麦芽是由它同基础麦芽的区别而定义的。大多数酿酒师将其分成5类：高焙焦麦芽、焦糖麦芽、焙烤麦芽、其他谷物麦芽、特殊工艺麦芽。尽管有些酿造原料被称为辅料，但功能却与特种麦芽类似。最好的例子就是烤大麦，由于未经过浸麦、发芽和干燥等过程，因此从技术上不能称之为麦芽，但其赋予啤酒的风味特点与黑麦芽非常相似。

5.1 风味形成

用于生产高焙焦、焦糖和焙烤麦芽的大麦原料与基础麦芽一致，通过改变加工工艺产生独特的风味，主要来自美拉德反应。

就像焙烤吐司一样，焙烤麦芽的成败之间只有一丝之差。例如，黑麦芽的焙烤温度接近自燃点，因此俗话说，"生产黑麦芽是烧毁麦芽厂的方法之一"。随着制麦师缓慢提高温度，谷物中的氨基酸和糖类发生化学反应，导致麦粒开始变黑并产生新的复杂风味。当达到理想的色泽和风味时，利用冷却水喷雾快速降温停止焙烤过程，这些冷却水也用于防止意外的着火。

焙烤过程仍然是手工的，有经验的操作者不断地取样并通过快速的色度分析判断终点。开始色度增加缓慢，但后期却增加迅速。一批产品包括多个批次样品，因此制麦师可以通过微小的调整来保证产品满足标准要求。

一些特种麦芽制备需要专业设备。滚筒焙烤炉（图5.1）是加工咖啡豆和麦芽的首选。滚筒中的加热圆筒上装有旋转叶片，每分钟约30转，可以彻底均匀地混合原料。焙烤咖啡使用小的滚筒焙烤炉，商业麦芽厂一般使用大得多的机器。

图5.1　修理滚筒焙烤炉内部轴承［每批可以焙烤2t（4410磅）麦芽］
　　　　注：滚筒旋转时，叶片用来混合麦芽

滚筒焙烤炉配有一些组件便于控制空气和水分。大型锅炉装置提供热量，由其排出的高温气体直接注入滚筒内间接加热焙烤炉。当有降温需求时，制麦师可以由冷空气入口向滚筒内通入额外的新鲜冷空气。通风系统有助于制麦师控制滚筒内的时间、温度及水分等参数。这些控制组件让制麦师有足够的时间调整色度达到标准，同时避免了麦芽超出色度标准或者自燃的情况发生。

通过加热发芽床上的新鲜绿麦芽来蒸发其中的水分；同时不断地将新鲜空气加热并抽进焙烤炉中，排除水蒸气、干燥并焙烤麦芽。如果关闭滚筒内的气流调节器，水分就可以保留在焙烤炉中，这也是焦糖麦芽的典型工艺。

当麦芽加热到极高温度时会发生明显的炭化，从而产生非常黑的颜色和很重的焦糊味。黑麦芽或巧克力麦芽是用成品麦芽而不是绿麦芽焙烤而成的。

1736年，《伦敦和乡村酿酒师》的发表确认了不同种类的高焙焦麦芽，如浅色、琥珀色、棕色麦芽等。这些麦芽均采用标准的麦芽干燥工艺，区别在于焙烤温度不同。棕色麦芽、爆米花麦芽、爆裂麦芽通过快速提高干燥温度来制备，最早是人们通过在火上多加燃料木材的方式实现的。

第一台用于制备特种麦芽的设备可能是一个用木火加热的简单的锅或铁板。1817年，伦敦的焦糖生产商丹尼尔·惠勒（Daniel Wheeler）申请了《一种麦芽干燥和制备改进方法》（A New or Improved Method of Drying and Preparation of Malt）专利，第一次提出了利用铁质焙烤炉（可能是所有现代滚筒焙烤炉的祖先）生产深色麦芽。用惠勒滚筒生产的"专利麦芽"用于酿造当时流行的波特啤酒，因使用效果好而且效率高被对成本敏感的酿酒师们迅速采用。

"如果用大火快速加热，替代缓慢的水分蒸发方式烘干麦芽，谷物表面被烘干，持续提高温度使谷物内部空气受热膨胀直到迸裂出谷物表面（称之为爆米花麦芽），这意味着爆米花麦芽拥有更大的体积。如果持续加热，可以使谷物内部部分发生玻璃化，因此又被称为玻璃质。"（Combrune，1758）

加工咖啡、巧克力和坚果等类似设备的发展直接影响了焙烤设备的发展。尽管焙烤炉公司主要为这些市场更大、更具商业价值的行业生产加工设备，但制麦师和麦芽焙烤师无疑还是从这些行业的发展和创新中受益。麦芽专用焙烤设备的大小差异很大，现代焙烤炉的单炉焙烤量从300~5500kg不等，能满足制麦师的各种需求。

多年来，焙烤设备在"加热和旋转"方面做了较多改变。布瑞斯制麦和配料公司多年来使用的5个"K球"（图5.2）是最令人难忘的，这些20世纪30年代的铁球在火焰中旋转，每个铁球装有约800磅（363kg）的麦芽，看起来

图5.2 布瑞斯麦芽厂使用的K球焙烤炉

很像B级科幻电影里的古怪道具。据制麦师戴夫·库斯科（Dave Kuske）讲，第一台滚筒焙烤炉早在20世纪70年代就开始工作，但是这种K球一直运行至2004年。

特种麦芽可利用烤炉或者熏炉在家酿或者小型啤酒厂生产。掌握了影响麦芽风味形成因素（即水分、时间和温度），就足够开始试验和创造不同风味麦芽了。注意：小规模局部高温自燃仍然是很有可能发生的。因此，需密切关注焙烤麦芽，并且将灭火器放在手边。

美拉德反应产物是啤酒风味不可或缺的一部分，产物的含量和种类也因干燥方式不同而不同。化合物的组成取决于水分、时间、温度以及绿麦芽底物的综合影响。制麦师的工作就是如何在这些自然因素变动的情况下做出一致的产品。烘干或冷却麦芽所需的空气温度和湿度（以及大麦蛋白质水平的自然波动），促使制麦师调整参数来维持产品的一致性或满足酿酒师需求。

认识制麦过程中产生的复杂风味和颜色需要深入了解美拉德反应，我们将在第6章进行探讨。对化合物进行风味描述，例如辛辣味、苦味、焦煳味、洋葱味、溶剂味、腐臭、汗臭、卷心菜味、焦糖味、饼干味、烤面包味、面包皮味、坚果味、太妃糖味、咖啡味、焙烤味以及麦香味。具体产物主要受糖类和氨基酸的组成和含量、温度以及pH的影响。焙烤看起来很简单，但在麦芽干燥过程中产生了一系列复杂化合物。

5.2　高焙焦麦芽

高焙焦麦芽采用温度较高的标准焙烤干燥方式。与常规麦芽制备相比,焙烤最后阶段的高温使麦芽色度加深并产生更多的麦香/饼干风味(慕尼黑麦芽就采用此工艺)。地板式发芽中,除时间、温度、湿度水平外,其他因素如大麦品种、麦芽溶解程度以及绿麦芽水分含量都可能导致面包皮味和饼干味的产生。

5.3　焦糖麦芽

制麦师使用发芽床上完全溶解的绿麦芽制备焦糖麦芽。通过将湿绿麦芽的温度提高至酶解反应温度,让麦芽在皮壳内发生糖化反应。水解酶开始工作,将蛋白质与淀粉分别降解成氨基酸和小分子糖(图5.3)。随着焙烤温度的升高,发生美拉德和焦糖化反应,形成了一系列化合物。虽然在干燥地板上也可以生产焦糖麦芽,但地板式和滚筒焙烤方式生产的麦芽具有明显的风味差异。这主要有两个原因,滚筒内不断地转动麦芽使焙烤过程的一致性好,且滚筒上

图5.3　焦糖麦芽制备中,当麦芽能"像青春痘一样弹出来"的时候表明淀粉已充分转化为糖类

加热的速度比地板上要快得多。水分的快速去除和温度的快速提高能够产生玻璃质的胚乳以及干净、典型的结晶麦芽糖果风味。而地板式干燥过程中较慢的水分蒸发及升温过程，会产生更多的麦香/饼干风味特征。

历史上，在焦糖麦芽生产过程中，会在绿麦芽上覆盖防水布来保持发生酶解反应的水分。现代用于焦糖麦芽生产的专业干燥炉安装了空气循环器，温度可以达到121℃。标准干燥温度几乎无法超过89℃，因此也无法生产色度超过60Lovibond（约118 EBC）的深色麦芽。

5.4 焙烤麦芽

制备焙烤麦芽所需的温度较高，因此需要滚筒焙烤炉。滚筒里可以焙烤绿麦芽、成品麦芽，甚至是未发芽的谷物，这取决于你想要的最终产品类型。焙烤麦芽的风味主要来自于高温（丰富的巧克力或咖啡风味），但可以通过优化工艺提高色度并减弱风味。麦芽的特性范围很宽，焦糖麦芽的终点和焙烤麦芽的起点有些交叉，但区分在160~175℃温度范围内。

用于生产焙烤麦芽的滚筒焙烤炉也可以制备焦糖麦芽。滚筒焙烤炉能快速地将大量热能转移到加工谷物中，这有利于制麦师制备特定风味的麦芽。粗糙的物理加工过程、高温和大量的翻滚容易使麦芽破碎，因此适宜的大麦品种和质量是焙烤成功的关键。

焦糖和焙烤麦芽的生产仍然是一项强度很大的人工操作。在焙烤过程中，调整参数和评估麦芽质量（图5.4）尚未实现自动化，仍然主要依赖制麦师的细心和经验。特种麦芽制备需要大量的劳力、资本、设备和时间，这些费用（结合相对有限的焙烤麦芽市场）是特种麦芽成本高于基础麦芽的主要原因之一。

5.5 特种麦芽制备

特种麦芽制备工艺与浅色麦芽制备工艺差别很大。美国拥有5家历史悠久的制麦公司；其中仅有2家拥有滚筒焙烤炉设备，具备生产特种麦芽的能力：位于美国华盛顿州温哥华市的大西部麦芽公司（Great Western Malting），以及位于威斯康星州奇尔顿市的布瑞斯麦芽和配料公司（Briess Malting Company）。

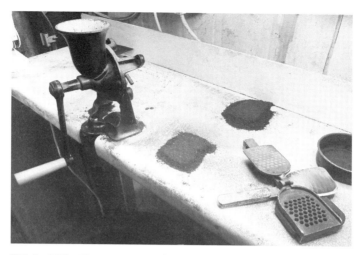

图5.4　工具：French& Jupps麦芽厂的老旧手工磨床，用于目视评估焙烤麦芽

嘉吉（Cargill）和欧麦公司（MaltEurop）拥有专业的干燥炉，可以生产少量特种麦芽。根据麦芽厂的生产规模，布瑞斯只是一家小公司，4.5万吨的年生产能力与其他4家相比相形见绌，但其通过提升产品质量和增加多样性弥补其数量上的不足。

相比之下，布瑞斯公司没有生产大量基础麦芽，它的大部分业务都是针对食品应用类产品，比如特殊的谷物糖浆。这种专注使它可以轻松地应对复杂配料并对此拥有独特的见解，从而产生了不同寻常的结果。戴夫·库斯科（Dave Kuske）负责布瑞斯公司的制麦业务。他丰富实用的麦芽知识来自于技术培训和多年的经验（他从1988年就开始与麦芽打交道）。

和其他工匠一样，库斯科把他的成功归功于拥有伟大的工具。在奇尔顿和滑铁卢工厂，布瑞斯公司总共有5台滚筒焙烤炉。单炉批次量2350~3350kg。库斯科知道，始终如一的绿麦芽是成品麦芽一致性的必要条件，大麦品种和上游发芽过程对特种麦芽的质量至关重要。"对于焦糖麦芽，我需要皮壳较硬的大麦。有一次，我尝试焙烤哈林顿大麦，太糟糕了"。库斯科特别注重色调。除了简单的Lovibond分析（只测量光的吸光度），感知颜色可以提供更多的谷物信息。色调在某种程度上取决于绿麦芽中的蛋白质含量。高蛋白质大麦呈红色，低蛋白质大麦倾向于橙色至琥珀色。

焦糖麦芽风味显著不同于焙烤麦芽的主要原因是，极高的加热速率促使谷物发生焦糖化反应。库斯科表示，干燥制备的焦糖麦芽通常含有青贮饲料中的乳酸风味。虽然描述这种类型的麦芽时，结晶和焦糖是可以互换的，但两者仍有一些明显差异。焦糖麦芽定义更广泛，包括各种各样的干燥方式。"真正的"结晶麦芽中结晶的、玻璃质的内部特征需要使用滚筒焙烤炉才能实现。对于库斯科来说，这两个过程的差异很大程度上取决于他能多快地加热麦芽，以及最终温度达到多少。生产焦糖麦芽的干燥温度最高可达到121~124℃，而滚筒焙烤炉能够超过麦芽的自燃温度，大约为238℃。

为了制备结晶麦芽，库斯科使用发芽床中完全溶解的绿麦芽。将初始温度为20℃、最大水分含量为40%的绿麦芽转入焙烤炉，15分钟后升温到70℃，糖化反应40~45分钟后开始干燥。由于水分持续蒸发，大约在两个小时内麦芽温度保持在相对较低水平。当水分持续降低到15%以下时，颜色开始变化，水分到8%时颜色迅速变化。最终结晶麦芽的焙烤温度达到191℃（图5.5）。这个阶段糖分凝结成晶体结构，这也是结晶麦芽名称的由来。10°L和120°L结晶麦芽的不同仅仅是焙烤炉中几分钟时间的区别，焙烤炉操作员依靠频繁取样和目测评估决定何时停止焙烤过程。

焙烤过程中复杂的化学变化也会产生不太理想的香气物质。排气管上安装了补燃器，在温度超过700℃时重新燃烧气体并控制挥发性物质的释放。库斯科说："这些都是必要的，因为温度超过150~160℃时会产生黄色、刺鼻的烟雾，干扰到街坊邻居。"使用补燃器成本昂贵，制麦师估计有2/3的能量用于焙烤麦芽，1/3的能量用于补燃器。

黑麦芽是通过焙烤干燥的基础麦芽制备而成。当麦芽被加热到极端条件时，许多风味和颜色反应也达到了极点，此时活性成分被破坏或去除。库斯科指出："在制备巧克力麦芽时，生成的令人讨厌的、苦的、辛辣味道被挥发和去除。为什么黑麦芽尝起来不像咖啡呢？那是因为好的风味被挥发掉了。在某一点上不顺利，就可能会失去想要的颜色。如果你不小心，一分钟内黑麦芽色度就可以从150°L变成600°L。"

当库斯科制备麦芽时经常问自己："我想要的主要是什么反应？我想要甜味、太妃糖味还是粘滞感？"虽然味道和颜色是有联系的，但这种联系也可以被加强或阻断。温暖潮湿的环境有利于提高蛋白酶活力，使麦芽颜色更深。炎热潮湿的夏季制备的麦芽颜色较深，但麦香风味并未增加。"夏天麦芽"是酿酒师的一种说法，在这种情况下，他们会用浅色麦芽来制作黑麦芽。这表明，一个有经验的制麦师，可以在不改变麦芽风味的前提下提高麦芽色度（从一致性的角度看来，这显然是有问题的）。

图5.5　克里斯·特朗普斯（Chris Trumpess）和皮特·辛普森（Peter Simpson）从位于Tivetshall的辛普森麦芽厂滚筒焙烤炉中取出温度仍然很高的结晶麦芽，香气浓郁

饼干麦芽（例如布瑞斯厂的维多利亚麦芽）需要小心使用，虽然它们富含坚果味的吡嗪类化合物，但色度只有大约30°L。如果利用该麦芽提高色度，则会给啤酒带来过多的风味。

如果问库斯科他最喜欢的麦芽是什么，他会很快回答："布瑞斯的高等特制麦芽。它是高焙焦麦芽和焦糖麦芽的混合。我也喜欢黑巧克力的风味。"这两种麦芽都是制麦师举出的可以充分体现麦芽复杂风味的案例。

5.6　其他谷物麦芽

制麦过程中也可以从其他谷物淀粉中获得可溶性糖。众所周知，小麦在酿酒业中被广泛使用，黑麦也在少量使用。大多数谷物是可以发芽的，尽管它们的适用性和发芽程度不同。大麦中酶的产生和谷物的溶解是相当简单的，优良的基础麦芽富含水解酶用于淀粉分解。其他谷物中，为了使淀粉易于分解需要过度发芽，从而导致了浸出率显著降低。

大麦的结构（及其紧密相连的外壳）易于加工。其他谷物如黑麦和高粱是出了名的难以加工。由于含有厚重的、紧实的以及高黏度的谷粒，导致空气流通困难。如果谷粒不能正常呼吸，它们就会死亡和腐烂，（很明显）会对风味产生负面影响。

沃敏斯特（Warminster）麦芽公司的克里斯·盖拉特（Chris Garratt）调整了生产计划，以适应黑麦麦芽的制备。他发现黑麦水解时会释放黏性淀粉并且"在浸麦槽中非常紧实"。与大麦不同的是，黑麦的水分饱和度低于30%，在地板上发芽时间2~4天不等。

鲜为人知的发芽谷物包括燕麦、黑麦、玉米、大米、高粱、小米。豆类和豆科植物，例如豌豆，虽然不是严格意义上的谷物，但也可以发芽和制麦。

5.7　特殊工艺麦芽

在麦芽生产历史上，间接加热焙烤炉是比较新的设备。在引入更清洁的无味燃料（如煤、焦炭）之前，焙烤麦芽具有明显的烟熏味。虽然大部分木火味道已被去除，但残留风味依然值得注意。大多数喝啤酒的人想起烟熏啤酒时，会想到班贝格（Bamberg）。来自瑞典哥特兰岛、法国斯特拉斯堡和德国北部的Grätzer和Lichtenhainer啤酒仍含有少许的烟熏味。

制备过程中燃料的类型对烟熏麦芽的特有风味具有较大影响。班贝格使用榉木。阿拉斯加酿酒公司生产的经常获奖的烟熏波特啤酒，使用处理新鲜鲑鱼的赤杨木作为燃料。果树（如苹果或樱桃）可以产生受人追捧的烟熏味。在苏格兰，生产上等威士忌的麦芽使用泥炭焙烤。这些麦芽富含多酚化合物，风味强烈。因此，酿造过程中只需要添加极微量。

德语单词"saüre"（英语单词sour的词根）翻译为"酸"。Sauermalz（酸麦芽或酸性麦芽）是通过加工过程中故意让乳酸菌繁殖的方式制备麦芽，这是由于德国《啤酒纯酿法》规定不允许通过添加酸来改变酿造水pH。这些麦芽提供了一种中和碱性酿造水的方法（《啤酒纯酿法》允许的范围）。

5.8　其他产品

5.8.1　脱壳 / 脱苦麦芽
因为麦芽外壳含有大量的涩味单宁，会在焙烤时表现出来。所以使用脱壳大麦生产深黑麦芽可以去掉此类不良风味。另外，利用无外壳的谷物如小麦等谷物制备的麦芽其涩感较轻。

5.8.2　未发芽谷物焙烤
糖化过程中黑麦芽并不提供任何酶活力或可发酵性浸出物，因此从某种角度来看，发芽之后再焙烤似乎是一种浪费。当焙烤结束后，谷物的有机物转化成呈色物质，且内部结构被分解成一个非常脆弱的状态。在相同的热处理条件下，未发芽谷物也可以通过类似的物理方式处理。与未发芽大麦和浅色麦芽之间的差别相比，黑麦芽和黑大麦差别非常小。

5.8.3　预糊化辅料
谷物胚乳中的淀粉联结紧密，必须膨胀或使其可溶后才能接触到水解酶发生反应。打开淀粉结构的方式有三种：糊化、焙烤或压片。在灶台上做米饭或粗燕麦粥就是一种糊化过程。淀粉颗粒在水中加热时会膨胀，其结构发生不可逆转的改变。不同来源的淀粉其糊化温度不同，小麦淀粉的糊化温度低于玉米。

焙烤是通过直接干加热谷物将其淀粉变性。加工过程中，随着谷物内的水分转化为水蒸气而迅速地膨胀，从而导致淀粉体积增加和结构重排。膨化米等早餐谷物就是焙烤淀粉变性的例子；小麦、大麦、燕麦甚至玉米都可以通过这种方式加工。焙烤和膨化操作的设备由红外线热源下行进的传送带组成。

相比之下，预糊化辅料麦片是通过蒸汽加热谷物，然后经过加热辊筒干燥制备。无论是即食燕麦片还是片状谷物早餐都是用这种方法制作。这类焙烤谷物可以直接加入到糖化锅中，麦芽中过量的酶将其淀粉转化为糖。这些酿造的辅料可以减轻啤酒的风味和色度，比大米或者粗玉米粉等辅料使用更加简单（大米或者粗玉米粉需要在蒸煮锅中糊化后才能使用）。

5.9　麦芽浸出物

制麦师或者酿酒师会生产高度浓缩的糖浆或干麦芽浸出物。除了可发酵性的麦芽浸出物，用于调整啤酒颜色的高色度糖浆也已经商品化。虽然《啤酒纯酿法》禁止使用焦糖色素，但高色度、高浓缩的麦芽糖浆〔如维耶曼（Weyermann）公司的希那马麦芽（Sinamar）〕是可以接受的。虽然希那马麦芽色度很高（超过3000°L），但风味相对很低，是一种很好的产品，可以产生黑啤酒的颜色但却没有或者有很少的黑麦芽风味。

5.10　关于麦芽的小贴士

作者注解：历史上，一些极端的麦芽口味激发了酿酒师和作家的想象力。下面这篇短文，从世涛啤酒的酿造者和饮用者角度进行表述，是我最喜欢的短文。在读它之前，我不知道我经常置身于致命的危险之中。

"现在，就麦芽的色度而言，白色最佳，因为它最自然，因此在你所有的操作中，要尽可能地接近或者保持它最自然的本色。对酒类而言，色泽是它良好精神和优良品质的开端。因此，在麦芽制备工序中，如果改变了颜色，你也会改变它的优点，使它成为另一种性质的酒；颜色发红或深色的酒就是源于制备过程中对麦芽本身的暴力操作，改变了谷物本身的颜色，表现出猛烈的精神和烈火的气息。这就是说麦芽的性质由温和、友好和柔软转变为炽热。毫无疑问，消化应是最自然的，它将酒中精髓保存，不改变自然原本的方向，也不改变它的形式，否则会使其内在生命和优良品质都处于危险之中。烤焦的高焙焦麦芽永远会带有火焰般愤怒的灵魂，用它生产的酒亦呈现出血红的颜色，大多数无知的人会把其作为美德或优良品质而哭泣和赞美。但也应该了解它的缺点，没有比它更罪恶的了；因此与啤酒花煮沸后制备的啤酒，饮酒人的健康都会受到损害。它在体内的作用就是加热血液、破坏食欲、阻碍胃消化、将昏昏欲睡的蒸汽传输到头部，钝化纯粹的灵魂，通过停滞体液阻碍血液的自由流通，在发黄而忧郁的肤色中，生成结石、尿砂、痛风和肺痨；这种饮料对女性也是有害的，特别是怀孕的或者哺乳期的女性。制备所有的肉类和酒类都需要谨慎细致，不要对神秘的且眼睛无法感知的内在美德或灵魂施暴；因此，如果你没有区分内在美德的智慧以及支配每一件事的能力，你可能会在最小和最简单的操作中犯下巨大的错误，事实上，大多数人都想要对自然的形态有深入的理解。记住这一点，你越接近自然，你越模仿她，你就越接近真理。对于大麦，上帝和他创造的世界赋予了大麦最亲切的颜色，这是所有颜色和肤色中最好的。因此，在制作过程中不要做出可能导致它变质的暴行，而是利用全部的艺术和手段保持它。因为轻微的、温和的操作会使你的酒更好、更健康。这样就不易把昏昏欲睡的蒸汽送到头部，加热血液，或堵塞循环。我必须告诉你一个事实：也就是说，在所有发酵酒类中，中等强度的淡色爱尔是最好的，除了富有温和柔软的水，也是所有滋养的源泉，还可以预防结石、尿砂、痛风等病症的产生。"

——摘自《酿造啤酒的新艺术》

托马斯·泰伦 于1691年出版

参考文献

[1] Charlie Scandrett, "Maillard Reactions 101: Theory" http://www.brewery.org/brewery/library/Maillard_CS0497.html.

[2] Terry Foster and Bob Hansen, "Is it Crystal or Caramel Malt?" *Brew Your Own*, Nov 2013.

[3] S. Vandecan, et al., *Formation of Flavour, Color and Reducing Power During the Production Process of Dark Speciality Malts*. Journal of the American Society of Brewing Chemists. 69 (3), (St.Paul, MN: ASBC, 2011) 150–157.

[4] Randy Mosher, *Tasting Beer: An Insider's Guide to the World's Greatest Drink*. (North Adams, MA: Storey, 2009).

[5] J.C. Riese, "Colored Beer As Color and Flavor", *MBAA Technical Quarterly*, Vol. 34(2), (St. Paul, MN: MBAA,1997) 91–95.

麦芽厂之旅

——规模化现代制麦

早期的工业化麦芽厂大都独具匠心，不仅仅因为每座建筑都风格迥异（尽管这也是原因之一）。这些建筑物或庄严宏伟，或紧凑实用，尽管还有一些看起来摇摇欲坠。即便如此，这些厂房历经岁月的洗礼和实践的打磨后反而彰显出一种智慧的光芒，使它们本身更有了一种富丽堂皇的色彩。从另一个角度看，这些建筑还是改造再利用的范例。它们巧妙地展现出历史的积淀和玄妙，令许多资深酿酒师为之着迷。

欧麦集团

威斯康星州，密尔沃基

在密尔沃基的现代化棒球场向南几英里处坐落着一座麦芽厂。相比附近工人们的低矮房屋，这座麦芽厂简直就是一个庞然大物。我们可以看到高耸的混凝土粮仓、川流不息的铁路运输，到处都能听到鼓风机发出的低沉的轰鸣声。1号麦芽车间建造于1910年，2号麦芽车间在禁酒令撤销之后修建，3号麦芽

爱达荷州福尔斯的 Integrow 制麦厂的大麦储仓和麦芽仓。图片右边的每座金属仓都可以容纳 8000t 大麦。

车间则是在二战结束后不久建立的，这座70多岁的"年轻"建筑看起来很酷。

我很高兴有拉里·特鲁斯（Larry Truss）做我们的向导，带领我们从3号麦芽车间开始参观。拉里是这座麦芽厂的主管，有27年的工作经验，几乎做过这里所有的岗位，对这里的历史变迁、工作流程和工作人员都非常熟悉。首先我们乘坐升降机到达3号麦芽车间的顶层。这座麦芽车间每天制备三批麦芽（每4个浸麦槽可以容纳62000磅即28t大麦）；每个批次总计112t。大麦在浸麦槽中的浸渍时间不到2天，期间进行3次交替的"浸渍 — 通风"，然后转移到发芽箱中。这里总共有24个浸麦槽，也就是说每天都会有一批浸麦槽被腾空以准备开始接收新一批的麦芽。拉里对浸麦过程格外关心。即使采用了冷却水温控技术，仍然需要人工监控对浸渍周期进行精准把握，从而适应一年中不断变化的外部环境条件。因为环境条件的变化影响着大麦的吸水速率和呼吸速率。"第一个周期至关重要，大麦过度吸水会致其死亡，而吸水不足则无法发芽。如果你把握不好，就只能和它说再见了。"

将充分吸水后的大麦转移到下层的12个大型发芽箱。大麦会在接下来的84小时里慢慢发芽。定期用翻麦机翻动麦芽以防止缠根、疏松麦芽床、保证发芽的均匀一致性。还要不断向密封的发芽箱中通入15.5℃的潮湿空气，气流向下穿过麦芽层为其提供氧气的同时，带走发芽时产生的二氧化碳。

发芽结束后，用机械装置将绿麦芽运送到上层的干燥炉，运输过程大约持续1个小时。干燥炉宽40英尺（12.2m）、长180英尺（54.9m），从其体积和外观上都绝对称得上是工业化装备。上层干燥炉内，热空气被通入麦芽层，直到麦芽水分含量降至20%以下，大约需要16小时。倾斜的地板使麦芽下落到干燥炉的下一层，干燥即停止。在最后16小时的焙烤过程中，麦芽床温度慢慢从60℃上升到82℃，制麦结束。

瑞河麦芽厂
明尼苏达州，沙科皮

美国和加拿大总共有大约20家大型麦芽厂，每年的生产能力加起来达到3000000t。位于明尼苏达州沙科皮的瑞河麦芽厂是世界上第二大麦芽厂，每年可以生产大约370000t麦芽。该麦芽厂的规模十分庞大，其动力装置、仓库和运输系统需要支撑每天接收、生产和运输十几辆轨道车的麦芽。

如此规模的商业化生产要求其供应链必须高度契合。大多数如此规模的麦芽厂，其大麦生产基地和转运仓库都在靠近农场的、很远的地方。大麦由火车或卡车运送到麦芽厂后，便进入贮料仓备用。在浸麦之前，要先将大麦进行机械清理、分级并称重。

瑞河麦芽厂是家族式企业，从1847年开始运营，并且从20世纪30年代以来，经过多次扩张之后发展成现在的沙科皮厂区。在瑞河，还在使用萨拉丁箱和塔式制麦系统。我们站在高265英尺（80.8m）、直径78英尺（23.8m）的柱形混凝土麦芽塔上，能够看到景色优美的明尼苏达河谷。但我觉得还是发生在这10层高制麦塔里的故事更具吸引力。

制麦之前，先将大麦运送到制麦塔顶层的6个开顶型锥型不锈钢浸麦槽中。向庞大的浸麦槽中倒入102400磅（46.4t）大麦和6600加仑（24984L）水。将大麦浸渍18h后，排干水，然后将大麦倒入下层浸麦槽中。每个浸麦槽底部都有一个筛状排水道，排水时可以留住大麦。浸麦期间，浸麦槽底部的空气喷射口一方面会定时补充溶氧来防止大麦发生水敏症状，另一方面还会定时向槽中补充清水，使水溢出一部分从而带走水面上的漂浮物。浸麦过程总共持续40h，然后将大麦转到一个直径55英尺（16.8m）、深3m的预发芽箱中。一天之后，通过麦芽塔中央的一根轴将麦芽转移到发芽地板上。

大麦充分吸水后，被转到发芽间，铺展在大约38英寸（96.5cm）高、带孔的金属发芽地板上。麦芽会在4天内缓慢生长；期间要向大麦中强制通入一定湿度的空气来自动调控温度和湿度。另外，还会喷洒少量水使麦芽保持最佳含水量。当空气穿过麦芽层，可以为大麦呼吸补充氧气并带走麦芽生长所释放的二氧化碳。

发芽结束之后，用机械设备将麦芽运送到下面的干燥层中。在干燥层中，麦芽被平铺在带孔的干燥地板上。在干燥的初级阶段，进风温度对空气温度的影响很小，因为空气从麦芽层上空排出时会发生汽化，使空气温度降低。

只有当麦芽水分含量减少至20%左右时，麦芽温度才开始上升。越过这一"突变点"以后，麦芽才真正开始产生深色物质和风味物质。和大多数麦芽厂一样，在上层和下层干燥炉烘干期间都需要较干的热空气。从下层干燥炉中排出的热空气还可以供上层塔板再利用。将每个干燥层排空、清扫、再进料和干燥这一系列操作需要持续一天，所以每批麦芽在干燥炉中总共要花两天时间。

麦芽在干燥炉内由一台带筛筒的麦芽除根机进行除根。麦根中含有大量蛋白质和氨基酸，并且极易变质。大多数麦芽厂都将麦根作为动物饲料出售，而在瑞河，麦根则作为生物燃料为工厂提供热能和电能。"Koda"项目是由瑞河和明尼苏达苏族部落合资经营的大型燃料工厂，投资60000000美元，燃烧生物量达22MW（兆瓦特）。除了麦根，该工厂还利用木屑、牧草和谷物废料来发电。

干燥后的麦芽先运送到暂存仓中，麦芽在送入大型混合贮料仓之前都要在这里进行质量检测。瑞河麦芽厂始终保持着180万蒲式耳（3919万吨）的大麦贮存量、320万蒲式耳（6967万吨）的成品麦芽量和536900蒲式耳（1169万吨）的在制麦芽量。

在北达科他州塔夫特的大麦农场附近，有一家瑞河旗下的600万蒲式耳（13063万吨）仓储量的大麦仓库。

在柔和的灯光下，看着洞穴构造的建筑内马上就要制备完成的麦芽，我们百感交集，而给我们留下最深刻印象的是整个厂区弥散着的特有香气。与小型地板式麦芽厂的工人要全程负责整个制麦过程不同，在这种大型麦芽厂，工人们按操作单元分工，但这并不影响工人们对自己参与生产的产品充满了自豪感。

6

第 6 章

麦芽化学

"其实没有什么应用科学，而只有科学的应用。这是完全不同的两码事，……只有在精通理论之后，科学的应用才变得容易。"

——路易斯·巴斯德（Louis Pasteur）

大麦种子的使命是发育成新的大麦植株。而制麦则是要巧妙利用种子的天性，使其产生并释放可发酵和不可发酵的组分，用于啤酒酿造。所以大麦种子就相当于一座"微型工厂"，它能够利用一个个微小的生物机器将原材料变成可用的产品。本章就对这一"微型工厂"做一全面概述。

大麦籽粒就是工厂，生产过程在这里实现。原材料包括碳水化合物、蛋白质和脂类；酶可以将这些原材料转化成酿制啤酒的重要成分：糖、多肽、氨基酸以及脂肪酸，所有这些成分会在浸麦和发芽期间形成并储存在绿麦芽中；最后的干燥（有时是焙烤）则相当于包装工序，麦芽在这一步制备完成，之后被运输到酿酒厂作为原料。

尽管本书会在第8章详细叙述大麦植株和籽粒的结构，但为了便于理解本章内容，需要在这里先做个说明：籽粒的能量来源是胚乳，它是一个由淀粉紧密结合形成的组织。胚乳由一层很薄的、有活性的糊粉层包裹。在发芽期间，产生于糊粉层细胞的酶会将胚乳降解，从而释放出胚芽生长所需的营养素、糖类和游离氨基氮（FAN）。

6.1 酶系和酶修饰导论

从结构上讲，酶就是具有复杂空间结构的蛋白质分子。每种酶都有一个特定的形状，以便可以与其他物质（称作"底物"）相互作用并发生结构改变，最后产生新的"产物"。酶能否与底物结合是其催化生化反应的关键。有酶催化的反应速率可以加快几百万倍。

酶作为催化剂，在将底物转化为反应产物时本身结构并不会发生改变。酶是生命的引擎，可以在活的有机体内引导生物化学过程。然而，酶本身所具有的庞大、复杂、高度有序而又脆弱的结构又很容易被许多方式破坏。比如，过度加热就会使酶分子结构展开，进而使其失去催化特定反应的能力，称为酶的失活。酸性或碱性环境也会使酶失活，因为其内部的电化学键受到pH的影响。

习惯上，酶是根据其作用的底物来命名的：淀粉酶降解淀粉，β-葡聚糖酶作用于β-葡聚糖等。酶的功能往往都是特定的，一般只作用于某一类键或某一类底物。比如，α-淀粉酶只作用于α-1,4糖苷键（但是可以在糖链的任意位置都发挥作用），而β-淀粉酶只能从糖链末端每隔两个葡萄糖单位切断1,4糖苷键。对于β-葡聚糖酶类，有特定切断1,3糖苷键的酶，也有特定切断1,4糖苷键的酶。几乎每种生物分子都至少有一种相关的酶，因为在分子水平上，正是生物分子的合成和水解构成了生命的基础。

在浸麦期间，水合作用最先从大麦籽粒的底端[①]开始。胚和谷壳比胚乳吸水更快。胚在水合过程中会释放出激素（包括赤霉素），这些激素可以激活胚盘[②]和糊粉层，进而使它们产生酶以分解胚乳。这个修饰（即溶解）过程从底端的胚盘附近开始，向籽粒顶端进行。在酶修饰过程中，糊粉层会产生β-葡聚糖酶、蛋白酶、α-淀粉酶和葡萄糖糖化酶。包裹胚乳的整个糊粉层不是立

① 底端是指籽粒靠近植株的一端，顶端是指籽粒远离植株的一端。
② 胚盘是指胚和胚乳之间的薄薄的一层细胞片状物。

刻全面开始酶修饰的，而是随着激素从胚扩散到糊粉层逐渐进行的。随着酶破坏掉蛋白质结构，整个进程从底端向顶端、从外部向中心展开。当整个胚乳被全部降解时，酶修饰便完成了，最后胚乳从紧实、坚硬的结构变成粉状或糊状的质地。

胚乳的酶修饰过程大概可以总结为3步[①]：首先是胚乳细胞壁的溶解和降解；然后是淀粉粒周围的蛋白质基质降解；最后是淀粉粒的初步水解。胚乳是由不同大小的淀粉粒细胞组成的，淀粉粒被蛋白质包裹。胚乳细胞壁很薄，只有2 μm，由β–葡聚糖、半纤维素和少量纤维素组成。如果想要弄懂酶修饰的作用机理，你可能需要拥有更深厚的有机化学功底。接下来的几个小节会解释碳水化合物和蛋白质的分子结构，虽然知识量会比较大，但是可以帮助你更好地明白制麦和糖化该如何操作以及为什么要这样做。

6.2　碳水化合物

植物利用水和空气中的二氧化碳，通过光合作用生成碳水化合物。碳水化合物既是植物的结构物质，又是一种能量储备方式。碳水化合物的性质取决于其单体的化学键结合形式。碳水化合物分子中只有碳、氢、氧三种原子，并且一般氢与氧的比例是2∶1。淀粉和多糖都属于碳水化合物。碳水化合物的基本结构是单糖（单个分子的糖）。单糖的化学式为$C_x(H_2O)_x$，其中x的范围是2~7，但通常大于3。单糖分子可以像乐高积木一样相互连接组成更大、更复杂的结构，便形成了多糖。多糖分子可以含有任意数量的单糖，常见多糖包括淀粉、纤维素、半纤维素和胶类等。

酵母在发酵期间能代谢可消化的碳水化合物。从酿造角度，可以将"能否发酵"作为标准来大概划分碳水化合物。酵母只能代谢6个碳的己糖，而不能发酵5个碳的戊糖，也不能发酵3个、4个或7个碳的糖。因此，酵母可发酵葡萄糖、果糖和半乳糖等单糖，也能发酵蔗糖和麦芽糖等二糖，拉格酵母还能发酵麦芽三糖。其他分子结构更大的糖（比如麦芽四糖）称为糊精（俗称寡糖），都是不可发酵的糖。尽管酵母能同时利用果糖和葡萄糖，但比起果糖，酵母更偏爱葡萄糖。为了代谢蔗糖，酵母会先分泌胞外酶将蔗糖分解成葡萄糖

---

① 该过程其实十分复杂，但这三步包含了基本要素。

和果糖。当有葡萄糖存在时，麦芽糖和麦芽三糖向酵母细胞内转运的机制将受到抑制，所以酵母会优先利用易得的单糖，然后再耗费能量去消化大分子糖类。

6.3 糖

对酿酒师来说最重要的糖是6个碳的己糖，其化学式为$C_6H_{12}O_6$。在制麦和酿造中，碳水化合物的基本结构非常重要。

葡萄糖［图6.1（1）］是地球上所有生命的基本食物来源，活细胞（包括酵母）能吸收并直接利用。其他单糖，包括果糖和半乳糖，都是葡萄糖的结构异构体。顾名思义，果糖［图6.1（2）］普遍存在于水果中，此外，也存在于谷物中。半乳糖［图6.1（3）］是乳糖的组分。乳糖[①]是由一个葡萄糖和一个半乳糖组成的二糖。蔗糖则是由葡萄糖和果糖组成的二糖。

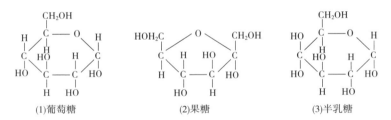

(1)葡萄糖　　　　　　(2)果糖　　　　　　(3)半乳糖

图6.1　葡萄糖、果糖和半乳糖的结构

糖的结构和原子键

糖（比如葡萄糖）的结构会发生改变。由于原子成键的排列不同，糖的结构可能是线性或是环形的。正如你可能在高中化学课就学到的那样，当两个原子共享电子时，它们便结合成键。如果在一对原子之间共享多对电子，便会形成双键。正常状态下，原子价键的数量是一定的。碳原子的价键是4；氧原子是2；氢原子是1。水分子［图6.2（1）］是由两个氢原子分别与同一个氧原子以单键结合而形成的。CO_2分子［图6.2（2）］中则存在一对双键。

[①]　酵母无法发酵乳糖，但如果通过添加酶将乳糖水解后，酵母便可以利用半乳糖。麦汁中一般不会有半乳糖，即使存在也是在发芽过程中产生的，且数量极少。

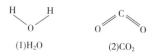

(1)H₂O　　　　　(2)CO₂

图6.2　水分子有两个单键，CO_2有两个双键

糖的晶体是由单糖分子高度有序排列而成的环状结构［图6.3（1）］。在溶液中，部分糖分子会转化成链状结构［图6.3（2）］。糖分子从链状转变成环状这一过程中键发生重排，但是分子的原子数量和基本排列并没有发生改变。

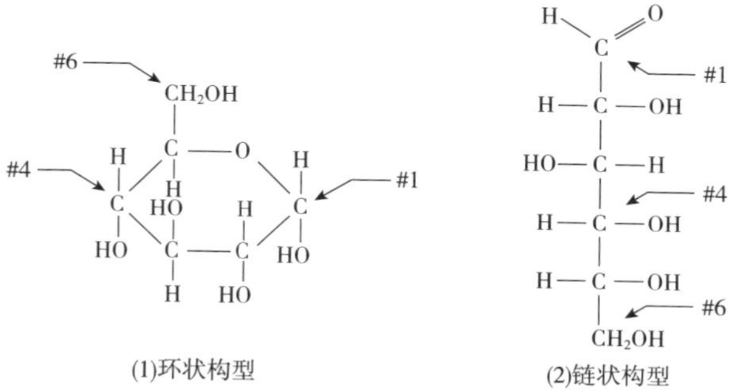

图6.3　葡萄糖的环状和链状构型（糖分子中碳原子的编号始于羰基末端）

　　单糖分子之间结合成键需要脱去一个氧原子和两个氢原子（通常说成一个水分子）。有机化学中以链状分子结构中碳原子的编号来命名该键。"碳1"是离羰基氧最近的碳原子（图6.4）。将葡萄糖分子中的碳1和另一个葡萄糖分子中的碳4结合便形成了麦芽糖。再以1,4键连接另一个葡萄糖分子则形成了麦芽三糖（图6.4）。葡萄糖和果糖以1,4糖苷键连接则形成蔗糖。葡萄糖和半乳糖以1,4糖苷键连接则形成乳糖。葡萄糖也可以组成1,6糖苷键，如果1,6糖苷键是在一条1,4糖苷键链上，那么这条链就有了支链。键的位置对于理解淀粉结构非常重要，下章会讲到。

　　棉籽糖是由半乳糖、果糖和葡萄糖组成的一种三糖。棉籽糖约占大麦籽粒中总糖含量的25%。超过80%的棉籽糖存在于麦胚中，在发芽期间会迅速被降解。棉籽糖不能很好地被人体消化，最后会在小肠中被细菌发酵，造成胀气。富含棉籽糖的食物有豆类、卷心菜、芽甘蓝和花椰菜等。

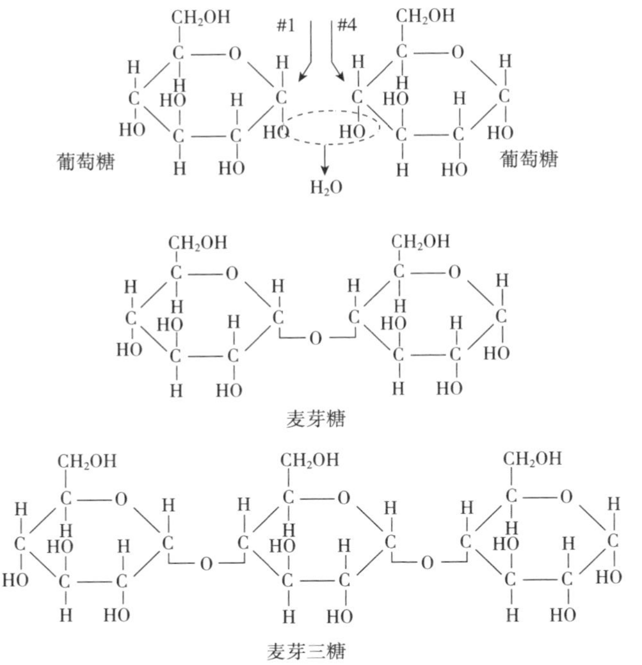

图6.4 麦芽糖和麦芽三糖的成键情况（最上面的图表示通过失去一个水分子形成了1,4键，结果氧原子连接了两个碳原子）

关于甜度的说明

提到糖，大多数人就会想到甜。人对不同种类的糖有不同的甜度感知水平。如果把普通蔗糖作为参考标准，那么，葡萄糖（也称右旋糖或血糖）的甜度只有蔗糖的 80%；果糖的甜度则是蔗糖的 1.7 倍；而麦芽糖和乳糖的甜度分别相当于蔗糖的 45% 和 16%。非碳水化合物类的甜味剂，比如甜蜜素的甜度可以达到蔗糖的 600 倍。这些甜味剂有许多是由于实验室人员无意将手指放到嘴里时偶然发现的。也有其他天然生成的物质是甜的，比如甘草甜素是从甘草根中发现的，酿酒师有时候也会用到。

关于转化糖

糖溶液的一个奇特性质是可以引起偏振光旋转。蔗糖溶液是右旋性的，这意味着它能使穿过它的光向右旋转（顺时针）。如果蔗糖转化分解成果糖和葡萄糖，其溶液则会变成左旋性的（向左转 / 逆时针）。这是因为果糖的左旋光性要比葡萄糖的右旋光性更强。在酿造某些传统英式风格的啤酒时，酿酒师经常会用到"转化糖"。生产"转化糖"时，这种光学偏转是反映蔗糖转化好坏的一个指标。

6.4 淀粉

淀粉是很长的葡萄糖聚合体。如果淀粉分子中只有1,4糖苷键，则是无分支的链（像是一串珠子），称为直链淀粉。在大麦麦芽中，这种直链淀粉的长度大约有2000个葡萄糖单位。支链淀粉不但包含直链淀粉，大约每隔30个葡萄糖单位还会有1,6糖苷键，这种高度分支的分子会大于100000个葡萄糖单位。从结构上讲，直链淀粉会形成一个螺旋，这种又长又紧密的螺旋结构使得直链淀粉比支链淀粉更难分解。

胚乳可占到麦粒干重的80%，而淀粉又占胚乳干重的65%。如前所述，胚乳的内部结构是不同大小的淀粉粒混合在一起，并嵌入蛋白质基质中。大约有25%（质量分数）的淀粉以直链淀粉存在，其余的则为支链淀粉。尽管小淀粉粒的数量占到淀粉粒总数的80%~90%，但大淀粉粒的质量却占到麦粒中淀粉总质量的90%。小淀粉粒的直径大约5μm，大淀粉粒的直径大约25μm。

尽管这些数字可能不是很吸引人，但正是这些才使得制麦和糖化的进行变成可能。一方面，在制麦期间，小淀粉粒（表面积较大）被α-淀粉酶和葡萄糖淀粉酶快速、彻底分解，生成胚芽生长所需的葡萄糖；另一方面，构成淀粉主体的大淀粉粒在制麦时只有表面被酶轻微分解，大部分都保留到糖化时才发生酶解。

在酿造过程中，直链淀粉和支链淀粉另一个有用的性质是它们与碘结合变成蓝色物质的能力不同。直链淀粉的螺旋结构可以将碘缠绕住，并呈现明显的蓝色；支链淀粉并没有这种络合能力，而只能与碘微弱地结合，呈现淡红色。大淀粉粒中直链淀粉的含量比小淀粉粒中更高，大麦淀粉中直链淀粉的比例大约为30%。淀粉检测是以前酿酒师测量糖化是否完全的方法，但此法只有当大淀粉粒中含有大约25%的直链淀粉时才能检测出来。

胚乳中还含有非淀粉多糖。细胞壁的主要成分是非淀粉多糖，它包裹着淀粉粒，淀粉粒的外层有蛋白质基质。细胞壁多糖的骨架由戊糖和己糖构成。正如前文所述，胚乳的细胞壁主要是由 β-葡聚糖、半纤维素和纤维素组成，其中 β-葡聚糖含量约占75%，是主要成分。β-葡聚糖是由葡萄糖分子通过 β-1,3 和 β-1,4糖苷键连接而成的多糖（图6.5和图6.6）

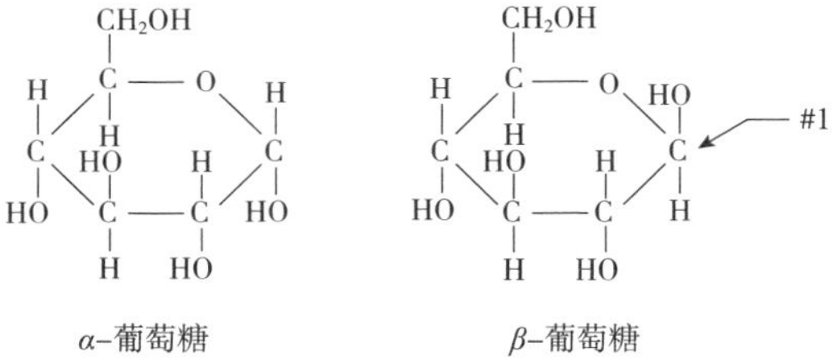

α-葡萄糖 β-葡萄糖

图6.5 α-葡萄糖和 β-葡萄糖的霍沃斯图对比（这两种分子因碳原子#1周围的羟基和氢原子的旋转而不同）

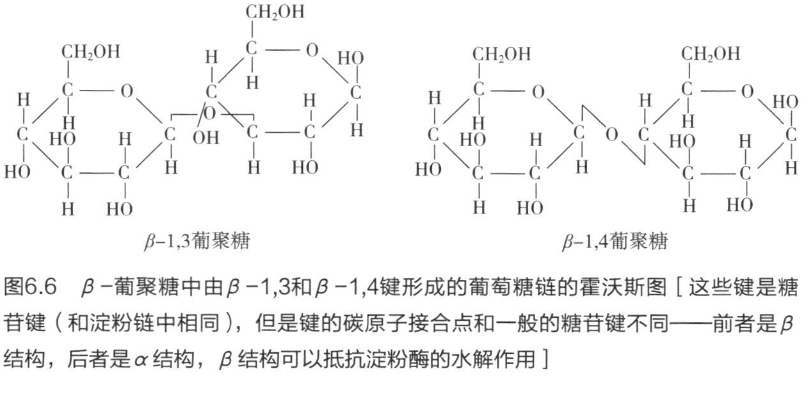

β-1,3葡聚糖 β-1,4葡聚糖

图6.6 β-葡聚糖中由 β-1,3和 β-1,4键形成的葡萄糖链的霍沃斯图［这些键是糖苷键（和淀粉链中相同），但是键的碳原子接合点和一般的糖苷键不同——前者是 β 结构，后者是 α 结构，β 结构可以抵抗淀粉酶的水解作用］

麦
芽

葡聚糖酶将β-葡聚糖水解成寡糖（最终水解为葡萄糖）之后，胚乳才能打开，随后蛋白质水解和淀粉修饰才能得以进行。β-葡聚糖的水解主要是由2种β-葡聚糖内切酶完成的。这两种酶都是作用于糖链非还原末端侧的β-1,4键，从而生成含有3个或4个葡萄糖单位的寡糖（葡聚糖，而非糊精）。这些寡糖最终再被其他酶分解成葡萄糖。这两种β-葡聚糖内切酶对热均不稳定，在65℃下5分钟之内就会失活。内切酶作用于链内部，而外切酶作用于链末端。

半纤维素是由不同种类的糖组成的高度分支的分子。大麦细胞壁中半纤维素大约占20%，主要是阿拉伯木聚糖。半纤维素（也称戊聚糖）是长链多聚糖，其中的单糖大多数是阿拉伯糖和木糖等戊糖。

阿魏酸

阿魏酸是大麦和小麦中的一种重要组成成分。阿魏酸集中存在于种皮和糊粉层的细胞壁，并且和阿拉伯木聚糖（一种半纤维素）交联，有助于维持细胞壁的形状。阿魏酸（3- 甲氧基 -4- 羟基肉桂酸）是酵母生成 4- 乙烯基 - 愈创木酚（4VG）的前体物质，而 4VG 是小麦啤酒丁香香气的来源。

纤维素只占胚乳细胞壁的2%左右，但它却赋予细胞壁以结构刚性。纤维素是由葡萄糖通过β-1,4糖苷键连接形成的直链多聚体，但不像淀粉和半纤维素那样形成螺旋或支链结构，纤维素分子中无定形结构很少，而晶体结构却很多。由于糖链上的葡萄糖含有许多羟基（—OH），这些羟基能够与相邻糖链上的氧原子形成氢键，使其互相结合得更加紧密，从而形成了具有高抗拉强度的微纤维。这些微纤维与β-葡聚糖和半纤维素基质共同组成细胞壁结构，从而起到支撑作用。酚酸（比如阿魏酸）的作用则如同胶粘剂或树脂，使这些组分成键结合或成桥结合。纤维素不会被制麦和糖化过程中的酶系降解，而会完整地保存在麦糟中。

酚类是具有环状分子结构的碳氢化合物。与糖类不同的是，酚类结构中氧原子较少。酚类化合物最基本的结构是一个碳氢环（C_6H_6）和一个氧原子，这个氧原子可以形成羟基（—OH），最终形成C_6H_5OH。许多酚类都有香气，以芳香烃著称。当多个酚结合成更大的结构时，就形成了多酚。

多酚存在于大麦壳和细胞壁中，酶不能直接作用于它。单宁是多酚化合物的一类，单宁中含有大量羟基（—OH）、羧基（—COOH）和其他能使其与蛋白质快速结合的活性基团。单宁是酿造过程中形成浑浊的主要原因，而且还会引起啤酒发涩。例如，冷浑浊是低温下多酚和蛋白质之间短暂成键而引起的。当啤酒温度上升，该键则会断开，浑浊也会消失。如果有氧气存在，随着时间推移，这些键就会聚合成更大的分子，从而变成了永久浑浊。这个例子说明原材料的选择、酿造技术和氧气控制都会对成品啤酒的品质产生影响。此外，多酚还能赋予啤酒抗氧化能力。

6.5　蛋白质

从最基本的分子水平上讲，碳水化合物分子和蛋白质分子之间的差异是后者含有一个（或者几个）氮原子。碳原子能形成4个键，而氮原子可以形成3个键。氨是一种具有刺激性气味的常见物质，它在酿酒厂中有时候作为制冷剂使用而且不会危害环境。氨的分子式为NH_3，如果去掉其中一个氢原子，就剩下氨基（—NH_2）。如果再加上含水的碳化合物，则会生成氨基酸，最终生成蛋白质。

氨基酸由于分子结构中同时含有一个氨基（—NH_2）和一个羧基（—COOH）而得名。这两种官能团位于23种氨基酸的某一末端，这些氨基酸又可以形成更大的肽和蛋白质，最终产物的通式可以表示为$H_2NCHRCOOH$（R表示一种有机取代基）。侧链上的"R"在大小、结构和组成上都有差异。氨基酸可以通过末端官能团结合在一起。当一个氨基酸分子中氨基上的氢原子（—H）和另一个氨基酸分子中羧基上的羟基（—OH）同时脱掉时，两个氨基酸之间便形成了"肽键"。

分子结构单元

生物化学上的分子是通过简单的结构单元连接而成的。蛋白质分子也可以像"单糖组成多糖，进而组成淀粉分子"的方式来构建。氨基酸可以一步一步形成肽、多肽和蛋白质。从学术上讲，可以把肽看作略小的蛋白质或者说蛋白质片段，因为肽比氨基酸大，又比多肽和蛋白质小。多肽和蛋白质都可以被蛋白酶类水解。

生物体可以利用20种不同氨基酸形成更大的分子结构。几个氨基酸通过肽键结合在一起便形成了多肽。蛋白质则是由一个或多个多肽构成的具有生物化学功能的物质，而这些功能来源于其特殊的物理结构。在实验室中，蛋白质根据其溶解性进行区分：清蛋白可溶于水，球蛋白可溶于稀盐溶液，醇溶蛋白溶于乙醇溶液，而谷蛋白则不溶于上述所有溶液。谷物化学家根据大麦蛋白在麦粒中的位置和功能将其分为两类：贮藏蛋白和非贮藏蛋白。贮藏蛋白主要是给麦胚充当肽和氨基酸（游离氨基氮FAN）的储存库，这类蛋白包括醇溶蛋白和球蛋白。非贮藏蛋白则主要是结构蛋白和酶类，这类蛋白包括清蛋白、谷蛋白和球蛋白。这两类蛋白中都含有球蛋白，是因为溶解性并不能完全反映其功能。

在制麦期间，胚乳中的蛋白质基质被水解为多肽、寡肽和游离氨基酸。这部分蛋白质是醇溶蛋白的混合物，而且还含有一定量的谷蛋白。包裹在淀粉粒周围的蛋白质基质的主要成分是醇溶蛋白，发芽时，这些醇溶蛋白的降解为麦汁提供了多数的游离氨基氮。根据Lekkas的研究，使用6个不同品种共28个变种的二棱大麦麦芽样品进行糖化，结果显示：麦汁中至少70%（有些甚至达到90%）的游离氨基氮是在制麦期间产生的。

蛋白质基质中还含有谷蛋白，这些谷蛋白应该是麦汁中那些较大的、可溶性肽的来源，而且经过糖化最终会变成游离氨基氮。非贮藏蛋白是制麦之前大麦的酶系（比如β–淀粉酶）和清蛋白（比如蛋白质Z——啤酒中主要的泡沫蛋白）的来源。

发芽期间分解胚乳蛋白的酶可以分为两类。第一类是内切蛋白酶和内肽酶，它们从蛋白质分子的内部开始分解，这类酶至少有40种[1]。第二类则是外切酶（比如羧肽酶），这类酶从肽链的羧基端分解产生单个的氨基酸。

高蛋白质麦芽和低蛋白质麦芽

大多数酿酒师不喜欢用高蛋白质含量的麦芽来酿酒，原因有以下几点：

（1）蛋白质含量高容易使啤酒产生更多浑浊；

（2）高蛋白质含量为腐败微生物提供更多营养；

（3）将高蛋白质麦芽和低蛋白质麦芽混合使用会使不同批次的酿造结果一致性不好；

① Bamforth,《制麦和酿造的科学原理》（*Scientific Principles of Malting and Brewing*），p. 54.

（4）蛋白质含量高意味着每吨谷物的可发酵糖的含量较低，酿酒时需要耗费更多的谷物。

干旱气候容易使大麦的蛋白质含量升高。当然，现实主义的酿酒师都懂得，他们只能利用大麦的自然性质来进行酿造，因为他们中的多数人不能因为麦芽不理想就不酿酒了。

有些人饮用啤酒时，身体可能会出现某些不适反应。这种对大麦的过敏反应可能与麸质有关，也可能无关，因为大麦中含有20多种不同的过敏原。人对大麦过敏就像对小麦、猫、鸡蛋和花生等过敏的道理一样。但是，人也可能只是对麸质产生特异性过敏，可以通过以下几种症状来判断是否为麸质特异性过敏。第一种是直接的过敏症状：流泪、流鼻涕以及呼吸困难；第二种是"麸质皮疹"，一种由于自身免疫应答出现的皮炎；第三种是乳糜泻，这是一种非常严重的自身免疫紊乱，会破坏小肠功能，使其无法吸收营养，还会引起黑色素瘤和其他癌症。虽然麸质"敏感"或者"不耐受"出现的症状和乳糜泻非常相似，但是前者不会损害小肠。乳糜泻患者对小麦醇溶蛋白也会有免疫反应。小麦中的醇溶蛋白可以和小麦中其他蛋白质结合形成麸质（麸质可以赋予面团弹性和结构）。

小麦醇溶蛋白与大麦醇溶蛋白以及黑麦碱（在黑麦中发现的）有非常密切的关系。这三者都是醇溶性蛋白（含有脯氨酸的贮藏蛋白），而且都是存在于禾本科谷物中。这也是为什么即使大麦中不含小麦醇溶蛋白，啤酒却可能引起麸质过敏问题的原因。研究报道，有一种脯氨酸特异性内切蛋白酶可以完全水解大麦醇溶蛋白的特定蛋白序列，现在这种酶已经允许添加到麦汁和啤酒中。在本书撰写期间，美国农业部还未允许添加这种酶的饮料在标签上标注"无麸质"，因为现在不能完全肯定这些醇溶蛋白是引起疾病的唯一因素。另外，关于是否把脯氨酸残留量（可通过醇溶蛋白测试方法测量）作为耐受限度这一问题也还存在争议。

6.6　脂类

蜡、脂肪、脂肪酸、维生素和固醇（比如胆固醇）都属于脂类。所有的脂类分子都含有一个不能很好地结合水分子的疏水区以及能够与水分子很好结合的亲水区。比如，脂肪酸是带有一个羧酸（—COOH）末端的长链碳氢化合物，该羧酸末端是极性的，因此呈亲水性。最终的结果就是这个分子就像一块磁铁，一端吸附水分子，另一端背离水分子，因此，脂类在极性分子和非极性分子之间的作用如同桥梁。另外，脂类还可以参与细胞内的生化反应，例如，脂肪酸就参与了细胞壁的生物合成和能量储存。大麦中的脂肪酸大约有58%是亚油酸，20%是棕榈酸，13%是油酸，8%是亚麻酸，1%是硬脂酸。

大麦中的脂类可以分为淀粉相关的脂类和非淀粉相关的脂类，与蛋白质的分布相似。大约2/3的脂类在胚乳和糊粉层中（淀粉相关类），剩余部分则是在胚中（非淀粉相关类）。大麦中大约75%的脂类是非极性的（比如甘油酯类）；极性脂类包括糖脂和磷脂（磷脂包括脂肪酸）。脂类是引起啤酒老化的物质中最臭名昭著的。脂肪氧合酶等酶类能将脂肪酸氧化为超氧化物，使啤酒中的羰基化合物（比如乙醛）含量增加。酿酒师们通过回流麦汁直至去除其中的脂类物质进而防止过早氧化。尽管某些脂类是酵母生长的营养成分，但其需求量很少，澄清的麦汁就足以满足该需求量。

6.7　干燥炉和麦粒内部的褐变反应

干燥或者焙烤是制麦的最后工序。在这个阶段，麦粒内部会发生最后一些变化，麦芽香气有一大部分是在这个阶段产生的。从学术角度讲，焦糖化反应是糖类的热降解，该反应会产生挥发性产物（焦糖香气）和褐色产物（焦糖色）。它和美拉德反应很相似，都是非酶褐变反应。但焦糖化反应是由于高温而分解（无氧气条件下发生的热降解），并不是化学反应。焦糖化反应可以被酸或碱催化，而且一般情况下要求温度在120℃以上，pH在3~9。系统不是高压环境时，高温可以将水分排除。但在正常的制麦和酿造操作中，这些条件很少出现，所以这些麦芽风味是如何产生的呢？

美拉德反应的历史

另一种反应的发现过程与 20 世纪早期的一位酿造学家和一位执着的法国化学家有关。

亚瑟·罗伯特·林因其在淀粉、糖类和酿造方面的出色工作成为受到高度关注的酿造化学家。作为《啤酒酿造学报》（*Journal of the Institute of Brewing*）的编辑、伦敦约翰·卡塞斯爵士学院（Sir John Cases Institute）的酿造和制麦讲师以及化学工业协会（Society of Chemical Industry）的副主席，他称得上是酿造界的明星。1908年，他在伦敦举办的一次会议上发表了他的创新成果，其中阐述了深色化合物的形成。"当来自蛋白质的氨基酸类物质和糖类（比如普通的葡萄糖和麦芽糖）同时被加热到120~140℃时，就会发生化合反应。"

30岁的法国化学家路易斯·卡米尔·美拉德对亚瑟的发现非常感兴趣，并在氨基酸和糖类共热产生的反应产物方面做了大量研究工作。1912年，他首次发表了研究结果，而这些反应正是以他的名字命名的。其研究结果描述并解释了巧克力、焙烤咖啡、面包皮、枫糖、豆浆、烤肉和麦芽等特征风味产生的反应过程。

美拉德反应可以产生许多和焦糖化反应一样的风味和香气，但是反应温度要比后者低很多。其反应机制是从单糖的羰基和氨基酸的游离氨基为起点。除了普通的面包皮、焦糖、可可和咖啡风味，该反应也会产生少许令人不悦的气味，比如焦煳味、洋葱味、溶剂味、腐臭、汗臭和卷心菜味等。

该反应分3个阶段进行。第一阶段，氨基酸和糖结合（失去一个水分子）形成一个不稳定的化合物；第二阶段，这个不稳定化合物发生阿穆德瑞重排〔（Amadori rearrangement）一个异构化反应〕形成一个酮胺（由一个酮和一个胺结合）；最后阶段，生成的酮胺进一步转化（通过以下所述三种不同途径其中的一种）生成三种可能产物中的某一种。

第一种途径，酮胺脱水生成与焦糖化反应中一样的化合物；第二种途径的特点是，酮胺失去3个水分子并与氨基酸发生加成反应，最后生成较大的、深色的多聚化合物，称为类黑素；第三种途径，先生成中间产物（比如双乙酰），然后经过斯特雷克降解（Strecker degradation）形成香气活度值较高的杂环化合物（包括麦芽酚和异麦芽酚等吡喃）、呋喃和糠醛[①]。麦芽如经过180℃以上的焙烤，还会产生多种气味浓郁的含氮杂环化合物，比如，亚硝胺等。

麦芽干燥炉和啤酒厂都能提供美拉德反应所需的条件。事实上，北美

---

① 糠醛是测量啤酒热负荷的一个指标。在煮沸锅中煮沸过的啤酒比普通处理的啤酒老化更快。The Indicator Time Test（ITT）是一家测量啤酒热应力的实验室。ITT测量的就是糠醛含量。氧化啤酒中的这几种化合物含量也较高。

淡色拉格啤酒的颜色大多是由糖化锅中发生的美拉德反应带来的。啤酒酿造过程中大约会产生10000种直接产物（如麦芽酚，这是慕尼黑麦芽的特征香气）。这些产物的生成途径十分复杂，以至于我们无法精确控制某个产物的生成，但是制麦者们可以将风味向一个大致的方向上调控。尽管焦糖香气可以在糖化后的煮沸锅中产生，但主要还是通过麦芽焙烤过程中的美拉德反应产生的。

6.8　麦芽的糖化力

在制麦之前，大麦中只存在一种淀粉酶——β-淀粉酶，存在于大麦植株的大部分或者全部组织中。β-淀粉酶以游离态和结合态两种形式存在，也就是说，这种酶有一部分是与其他物质（比如蛋白质Z）结合在一起的，这部分以结合态形式存在的酶只有在后续的发芽和糖化过程中通过蛋白水解才会释放出来。α-淀粉酶则是在大麦发芽期间于糊粉层中产生的。另外，糊粉层中还存在葡萄糖淀粉酶和一定量的糊精酶。那么，问题来了：麦芽经过干燥之后，其中还剩多少酶可以供酿酒者利用呢？

制麦者的产品检测报告（COA）中，糖化力这项指标就是表示麦芽样品将已知量的标准淀粉溶液转化为糖的能力。这项检测可以用多种方法完成。最基本的方法是湿法化学分析方法，这种方法需要花费一整天才能完成。在生产检测中更普遍采用的方法为自动流体分析方法（ASBC MOA Malt-6C）。不过这些检测方法都不是检测麦芽样品中有多少酶，而只是检测麦芽样品中的酶可以生成多少糖。最原始的测定方法是卡尔·林特纳在1886年提出来的，至今经过了多次修改。表示麦芽糖化力的官方单位也不再称为"°Lintner"，而是简单地称为"糖化力，ASBC度"（尽管°L仍然常用）。最初的林特纳方法中规定，0.1mL 5%麦芽浸提液在固定条件下作用于淀粉底物所产生的糖化力为100°L，期间生成的还原糖可以还原5mL斐林溶液。斐林溶液是硫酸铜、酒石酸钾/钠和氢氧化钠的混合物，其颜色发生改变表示溶液中有单糖存在。

检测报告中的第二项标准检测是测试α-淀粉酶的糊精化能力，该检测方法中使用了一种已经在实验室被β-淀粉酶完全转化过的特殊淀粉基质。一个α-淀粉酶单位（或糊精化单位，DU）定义为，在过量β-淀粉酶存在下，以1g/h

的速率对可溶性淀粉进行糊精化所需的α-淀粉酶的量。这项检测的结果也可以表示脱支酶的活力。

6.9　酶解

在制麦过程中，胚乳经过完全的酶修饰使得淀粉粒完全暴露。事实上，淀粉粒表面经α-淀粉酶的作用已经形成了许多孔洞。在糖化过程中，粉碎的麦芽中胚乳与酶接触的表面积得到进一步增加。糖化时，4种淀粉酶都参与了生成糖类的过程，最终得到的典型麦汁组成如下：41%的麦芽糖、14%的麦芽三糖、6%的麦芽四糖、6%的蔗糖、9%的葡萄糖和果糖、22%的糊精以及2%的非淀粉多糖（半纤维素等）。

α-淀粉酶和β-淀粉酶是酿造过程中最重要的两种酶。尽管两者都可以裂解淀粉的1,4糖苷键（分解为小分子糖类），但作用模式却不同，导致最终生成的麦汁中糖的种类和比例显著不同。α-淀粉酶是一种内切酶，它可以跳过由α-1,6糖苷键连接的葡萄糖而在糖链的任意部位分解α-1,4糖苷键。β-淀粉酶是一种外切酶，只能从糖链末端切断α-1,4糖苷键，逐个除去二糖单位。

淀粉酶类可以比作砍刀或者切片机。α-淀粉酶能够在任意部位"切断"糖苷键，最终产物的糖链长度变化范围很大。β-淀粉酶则是从大分子碳水化合物的非还原性末端一个一个地将麦芽糖切下。酵母只能利用来自麦芽淀粉的葡萄糖、麦芽糖和麦芽三糖（后者只有拉格酵母才能利用），所以大分子糖类都会保留在最终的成品啤酒中。这些大分子糖类与最终啤酒的糖度、风味和酒体有关。

在糖化过程中，各种淀粉酶的协同作用可以优化糖化效果。一般情况下，当β-淀粉酶活性更高时，会产生更多的可发酵糖，最终得到的啤酒更干（残糖更少）。假设只有α-淀粉酶单独作用，那么得到的麦汁中可发酵糖的含量将不超过20%；当在其中加入β-淀粉酶后，可以将可发酵糖提高至70%；如果在其中再加入脱支酶后，可发酵糖会上升到80%。β-淀粉酶的最适作用条件大约是55℃、pH5.7。而α-淀粉酶则在65℃、pH5.3下作用效果最佳。当两者共同作用时，作用条件选在这两个条件之间最好。麦汁中的葡萄糖浓度相对较低说明了葡糖淀粉酶在糖化中发挥的作用很小。

糖化条件可以让某一种淀粉酶的活力大于其他淀粉酶，所以控制糖化参数对于生产稳定组分的麦汁十分重要。酶活力由反应动力学决定，温度每升高10℃，大多数化学反应速率会提高1倍，但超过某一特定温度时，酶会失活。如果想要保持酶的活性就不能超过一些条件限制，比如，β-淀粉酶在超过68℃时就会失活。糖化时的物理参数，比如pH和麦汁浓度或者稀释度，也会影响酶的相对活力。离子（比如钙离子）也会影响酶的活性[①]。不同批次的麦芽中各种酶的含量也会有变化，这使得本来已经很复杂的麦汁生化反应变得更加复杂。

尽管基础麦芽能够为酿造辅料转化成可发酵糖提供足够的糖化力，但要酿造很干爽的啤酒可能还需要额外添加酶。商业酶制剂有各种来源，包括真菌和细菌来源的酶，这些产品可以应用在糖化或者发酵过程中以提高麦汁的发酵度。科学家们一直在努力开发各种酶制剂，以便在啤酒酿造中使用未发芽大麦。将天然碳水化合物和蛋白质进行酶解处理并用于酿造，可以缩短时间并节省能源，然而，我们有理由相信，通过这种处理得到的啤酒与使用全麦芽糖化得到的传统啤酒相比，将会呈现完全不一样的风味特点。

结论

安娜·麦克劳德（Anna Macleod）是一位来自苏格兰爱丁堡赫瑞瓦特大学酿造和蒸馏专业的受人尊敬的教授，她这样描述制麦过程："（1）让大麦糊粉层细胞产生最优的水解酶；（2）调控这些酶类的作用，使其为之后的糖化过程的顺利进行消除障碍"。从最根本上讲，制麦和酿造是通过优化一系列复杂参数，实现对碳水化合物的化学和生物化学调控。尽管千百年来酿造出的好啤酒并不需要学习太复杂的分子知识，但研究者们已经做了大量工作，目的是把制麦工艺的调控提升到一个空前的新水平，不断追求更好的酿造工艺。

参考文献

[1] R. Leach, et al, "Effects of Barley Protein Content on Barley Endosperm Texture, Processing Condition Requirements, and Malt and Beer

---

① 比如，α-淀粉酶只有在钙离子存在条件下才能发挥作用。幸好，麦芽中含有一定量的钙离子，相对密度为1.040（10°P）的麦汁中一般含有35mg/L的钙离子。

Quality", *MBAA Technical Quarterly*, 39(4) (St. Paul, MN: MBAA, 2002) 191–202.

[2] J.S. Hough, et al., *Malting and Brewing Science*. 2 vols. (New York: Chapman and Hall, 1982).

麦

芽

7

将数百种麦芽进行快速分类与将上千种啤酒分类一样让人生畏。不过我们可以大致按照生产过程（干燥、焦糖化、焙烤）、酶活力（是否可以独立糖化），乃至麦汁的色度来进行分类。但即使是类别相近的麦芽，如果来自不同制造商，都会有不同的质量和难以估算的差异。再加上批次间差异和原料波动，麦芽分类变得更加困难。

在起草或修改配方时，酿酒师通常要先品尝麦芽。咀嚼麦芽获取直接的感官体验是最好的方法。相对于其他任何书面表述，对配方麦芽进行品尝会获得更接近于成品啤酒的味道，所以在着手酿造前微调配方时并不需要投入太多精力，但这对啤酒酿造的成功与否至关重要。

图7.1大致是按麦芽加工工艺进行的分类（常规工艺麦芽，焦糖麦芽，焙烤麦芽，其他谷物麦芽和用特殊工艺制成的麦芽）并按色度由浅到深排列。

作者注：在本章中，我邀请了火石行者酿酒公司（Brewmaster of Firestone Walker Brewing Company）的酿酒师马特·布莱尼森（Matt Brynildson）分享他关于麦芽分类的看

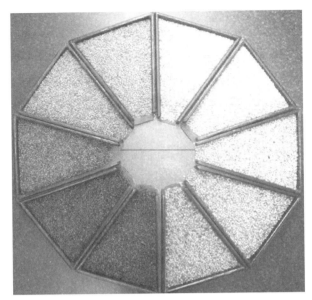

图7.1 麦芽色度轮，表明麦芽焙烤过程中的颜色范围非常广

法。马特不仅是一名杰出的酿酒师，还是我的挚友。我们曾一起参观了世界上许多的酿酒厂。我很高兴能利用这个机会和他讨论酿酒的创意和实操。

7.1 常规工艺麦芽

该类麦芽均使用常规的浸麦、发芽、干燥工艺，色度较浅，含有足够的酶活力分解麦芽中的淀粉。典型的、色度很浅的麦芽有时也被称作白麦芽，是黑麦芽和巧克力麦芽等焙烤麦芽的原料。

7.1.1 比尔森麦芽
色度范围：1.2~2 SRM

比尔森麦芽是专为色度很浅的全麦芽啤酒而设计的基础麦芽。传统的比尔森麦芽使用低蛋白质二棱大麦，其溶解程度较低，采用低温发芽和大风量干燥。这种麦芽色度很浅，酶活力中等。根据布莱恩森的看法，比尔森麦芽具有独特的清新风味和新鲜的麦汁口感。这一点在欧洲的比尔森型啤酒中尤其明显，比如碧特博格（Bitburger）和沃斯乐（Warsteiner）啤酒。

二甲基硫醚（DMS）存在于所有麦芽中，具有熟玉米或卷心菜风味。它的前体硫甲基甲硫氨酸（SMM）和二甲基亚砜（DMSO）在制麦过程中产生，在高温焙烤时被分解。由于比尔森麦芽采用低温干燥，所以保留了这种潜在风味。在一些类型的啤酒中含有少量的二甲基硫醚味是可以接受的，例如德式比尔森。

7.1.2 浅色麦芽

色度范围：1.6~2.8 SRM

浅色麦芽是一个通用术语，涵盖各类浅色基础麦芽。对于北美的麦芽制造商来说，这种麦芽是为了添加辅料酿造而生产的。高酶活力和高游离氨基氮使麦芽迅速糖化并为酵母提供足够的营养。浅色麦芽的高酶活力会使全麦芽啤酒的发酵度难以控制，麦芽糖化几乎可以在瞬间完成。对于世界其他地区的麦芽制造商来说，浅色麦芽的溶解度和酶活力适中。通常"拉格麦芽"可以特指这些麦芽。与比尔森麦芽相比较，浅色麦芽具有更浓郁的麦芽香味。

7.1.3 浅色爱尔麦芽

色度范围：2.7~3.8 SRM

浅色爱尔麦芽是专为英式淡色爱尔啤酒而生产的基础麦芽。充分的溶解使其色度比常见的浅色麦芽更深。其适用于一段糖化法，有突出但不过分的麦芽香气，类似于饼干或者烤面包的风味。此类麦芽生产所需的较高焙烤温度降低了二甲基硫醚（DMS）和二甲基亚砜（DMSO）的含量。英国的海洋型气候环境特别适合生产浅色爱尔麦芽。饱满的颗粒在发芽过程中能够充分溶解，在一段糖化法中糖化效果较好。这种麦芽奠定了啤酒的酒体和风味基础，可以酿造低度数且风味绝佳的啤酒，典型的有英式过桶爱尔啤酒，例如蒂莫西·泰勒（Timothy Taylor）酒厂的兰德洛德苦啤酒（Landlord Bitter）。

7.1.4 维也纳麦芽

色度范围：2.5~4.0 SRM

维也纳麦芽赋予啤酒典型的橙色。传统的三月啤酒风味就来源于这种麦芽。维也纳麦芽具有充足的酶活力，能够独立完成麦芽糖化。同大多数结晶麦芽不同，用维也纳麦芽酿造的啤酒具有新鲜干爽的风格，略带烤面包味，轻微的坚果味，再配上辛香风格的名贵啤酒花，更显得珠联璧合。虽然维也纳麦芽风味成分非常复杂，但只要溶解充分，就不会让人觉得发腻和厌恶。用维也纳麦芽酿造的啤酒可以轻松地一饮而尽，属于畅饮型啤酒。这也是慕尼黑啤酒节如此受欢迎且长盛不衰的原因之一。

7.1.5 慕尼黑麦芽

色度范围：3~20 SRM

慕尼黑系列麦芽所涵盖的色度范围较广，色度较浅的系列风格典雅。其酶活力低，但百分之百使用该麦芽时仍能独立完成糖化。许多酿酒师会添加少量的慕尼黑麦芽来增加啤酒的麦香味。品酒者一提到麦香味的时候总是会想到慕尼黑麦芽。布莱尼森非常热衷于向所有的淡色爱尔啤酒配方里添加少量的慕尼黑麦芽。选择哪一种色度的慕尼黑麦芽对最终的啤酒有很大影响。浅色慕尼黑麦芽使啤酒风味更加纯净和爽滑，而深色系列则更显醇厚和浓郁的风味。

7.1.6 类黑素麦芽

色度范围：17~25 SRM

类黑素麦芽具有甘甜，类似蜂蜜的风味。尽管有些种类的类黑素麦芽具有足够的酶活力，能够百分之百独立完成糖化。但它作为基础麦芽使用时味道又过于浓烈，因此通常用量较少。类黑素麦芽也称为蜂蜜麦芽或者布鲁玛特麦芽。制备这种麦芽时会减少发芽后期的通风量，并低温凋萎以促进溶解，从而积累大量的美拉德反应底物。类黑素麦芽涩味较轻，它赋予了啤酒较深的色泽，更重要的是它具有更浓郁的风味。因为它和慕尼黑麦芽味道相似，许多酿酒师称之为"超级慕尼黑麦芽"。布莱尼森发现添加10%以上的类黑素麦芽会赋予啤酒浓郁的蜂蜜香气。

7.2 焦糖麦芽

该类别麦芽是绿麦芽（浸麦和发芽，但未经过干燥）经过转炉设备焙烤而成的麦芽。它们"在壳中糖化"，随后进行焙烤。

7.2.1 特种玻璃质麦芽

色度范围：1~12 SRM

特种玻璃质麦芽是在低温高水分下使浅色麦芽形成玻璃质胚乳结构而制成

的。该种麦芽没有酶活力，但可以提高啤酒的泡持性、丰富酒体并赋予啤酒甘甜的口感。该麦芽有一系列商业专利名称，比如卡拉比尔森或者卡拉—比尔森。玻璃质麦芽也被称为糊精麦芽，它可以使酒体更醇厚。在美国，"卡拉比尔森（Carapils）"是布瑞斯麦芽及酿造原料公司拥有的商标，但在世界上其他的国家和地区，这个名字又被维耶曼特种麦芽公司使用。

7.2.2　结晶麦芽

色度范围：10~200 SRM

结晶麦芽是通过提高绿麦芽温度，使麦芽内淀粉和蛋白质转化为美拉德反应所需的还原糖和氨基酸而制得的。确定酿造一款啤酒最合适的结晶麦芽通常要平衡色泽和风味的影响。因此，为了达到目标色度，深色麦芽的使用比例要低于浅色麦芽。结晶麦芽可以用常见的干燥设备或者转炉焙烤，不同的生产工艺会使麦芽具有明显不同的风味。

结晶麦芽赋予了啤酒均衡的风味和色泽。对麦芽的感官评价是掌握它们如何影响啤酒风味的关键。使用浅色到中等色度的结晶麦芽主要是为了突出啤酒中结晶麦芽的风味。20~60°L的结晶麦芽风味相对更加清新，主要用来增加啤酒香味。深色的结晶麦芽也很有用，但增加风味的用途却往往是次要的了。

浅色的结晶麦芽使用范围更广。其使用比例比深色结晶麦芽更高，主要是因为即使增加了浅色结晶麦芽用量也不会出现不协调和过于强烈的口感。但深色结晶麦芽如果使用过量可能会（也确实会）遮盖啤酒固有的风味。酿酒师一定要品尝结晶麦芽，这一点特别重要。因为相对其他类麦芽而言，这种麦芽即使色度相同，但风味阈值却会有显著的差异。用同色度的多种结晶麦芽酿造的啤酒会让人品尝出不同的风味来，且这种差异程度与麦芽成分之间没有任何的对应关系，比如黑麦芽。

7.2.3　特种兼型麦芽

色度范围：50~150 SRM

特种兼型麦芽是将绿麦芽先焦糖化再焙烤而成的麦芽。它综合了焦糖麦芽和焙烤麦芽二者的风味优点。具有深色且浓郁的干制水果（葡萄干，李子）香气，经常被用于深色比利时风格的啤酒。特种麦芽B就是个典型的例子，它是比利时双料啤酒的必备原料。

7.3 焙烤麦芽

该类麦芽是将浅色麦芽放入转炉焙烤而成的麦芽，酶活力已被破坏。通过焙烤，它们具有从浅棕到深黑的色度范围。该类麦芽和焦糖麦芽不同，具有更干和收敛的口感，使用需谨慎。该类麦芽在酿酒配方中很少超过10%。

7.3.1 饼干麦芽
色度范围：20~30 SRM
饼干麦芽是在高达220℃的高温下焙烤而成的。它的硬面包味和焙烤风味是坚果棕色爱尔啤酒的典型风味。它赋予了啤酒干爽的口感和坚果、烤饼干的风味。这些风味和维也纳麦芽类似，但饼干麦芽更加浓烈。这种麦芽缺乏酶活力。饼干麦芽很像琥珀麦芽，但是前者的口感比后者略干。

7.3.2 琥珀麦芽
色度范围：20~36 SRM
琥珀麦芽源于英国传统麦芽制备技术，是经过转炉轻微焙烤而成的麦芽。口感与太妃糖、烤面包和坚果类似。焙烤过程促进了吡嗪和吡咯类化合物的形成，这也赋予了啤酒一些苦的口感。琥珀麦芽用来酿造英式过桶淡色爱尔啤酒时会获得极佳的风味，因其干爽的口感与酵母产生的酯香会形成鲜明的对比。

7.3.3 棕色麦芽
色度范围：40~150 SRM
棕色麦芽与琥珀麦芽类似，但是更长的焙烤时间赋予了它更浓郁的风味和更深的色泽。和琥珀麦芽一样，棕色麦芽也有太妃糖、烤面包味和坚果味。由于生产这种麦芽时会发生一系列在高色度麦芽中独有的化学反应，所以通常被用于深色啤酒的酿造，以增加啤酒的色度和口感层次。但如果过量使用，最终啤酒会变得干涩粗糙，让品酒人有口干舌燥而不是放松愉悦的感觉。

早期的棕色麦芽，也称作布隆（blown）麦芽或者斯内普（snap）麦芽，是采用烧木柴的明火加热方式进行干燥的。这样的麦芽带有焦香味和烟熏味，在19世纪中期转炉焙烤设备出现之前，它是酿造波特啤酒不可或缺的原料。

7.3.4　巧克力麦芽

色度范围：350~500 SRM

巧克力麦芽属于转炉焙烤麦芽，它赋予啤酒更深的颜色。它自带轻度焙烤的味道和美拉德反应产物的风味，具有均衡且浓郁的咖啡和巧克力风味。它的颜色不如黑麦芽那么深，但具有难以置信的浓郁风味和一点点涩味。这种麦芽的风味更近巧克力味，但比黑麦芽等高度焙烤的麦芽中普遍存在的焦苦味更少。

7.3.5　黑麦芽

色度范围：435~550 SRM

黑麦芽增加了啤酒浓重的色泽。高温加重了这种麦芽的焦苦味，这也是世涛啤酒的显著特征。这些苦涩、干和炙烤的风味可以通过优化焙烤工艺来减轻。有一点看起来似乎不合逻辑，就是如果焙烤过度，黑麦芽会一下子失去它的风味和色泽。当温度越来越高时，风味和色素物质都会变得如同木炭一样。几乎燃为灰烬的麦芽对啤酒一点用处也没有。只有高超的焙烤技术才能获得最佳的风味和色泽，而不是使麦芽炭化。

脱苦黑麦芽能够让酿酒师酿出爽口的黑啤酒。带壳大麦若焙烤至黑色，会有非常明显的涩味。若使用脱壳大麦来制作黑麦芽，则可以减少苦味。虽然干涩焦苦会令世涛啤酒不那么受欢迎，但神奇的是，与它黑色的外表相反，黑啤酒也会含有令人愉悦的风味。

7.3.6　烤大麦

色度范围：300~650 SRM

和焙烤麦芽不同，烤大麦是在大麦发芽前焙烤制成的。未发芽的干大麦通常可以焙烤至巧克力麦芽到黑麦芽之间的色度。烤大麦味道通常比焙烤麦芽更清淡，但苦涩、干和炙烤风味仍是其主要风味。烤大麦可以比同色度的麦芽生成颜色更浅的啤酒泡沫，同时也形成了爱尔兰世涛的主要风味。布莱尼森喜欢350° L烤大麦的摩卡咖啡味道和香气，同时他也喜欢轻微焙烤大麦所具有的巧克力味和焙烤味。

7.4　特殊工艺麦芽

特殊工艺麦芽，顾名思义也就是采用特殊工艺制作的麦芽。该类麦芽具有一系列独特的功能和风味，包括酸麦芽、烟熏麦芽和泥炭熏制麦芽等。该类麦芽的市场需求量很有限，价格也相对更贵。

7.4.1　酸麦芽
色度范围：2.2~4 SRM

酸麦芽是在发芽阶段向麦芽喷洒酸麦汁以促进乳酸菌生长而制成的。酸麦芽具有刺激性的酸味，在遵循德国《啤酒纯酿法》的前提下，降低了糖化醪液的pH。该种麦芽最好作为香料用于麦芽配方中。由于使用比例低，它们实际上并不突出，但确实能给麦芽带来愉悦的酸味，丰富了麦芽配方。不过，如果酿酒师能明显尝出酸麦芽的味道时，说明他们把酸麦芽加多了。

酸麦芽有很多种。制麦师正不断地从大麦和其他谷物中发掘独特的风味。许多酿酒师对于酸麦芽能够赋予啤酒酸味感到很兴奋。随着试制的麦芽口味越来越丰富，啤酒中独特而奇妙的酸味可以来源于多种微生物，并不只限于大发酵罐或传统窖藏木桶中的菌群。

7.4.2 烟熏麦芽
色度范围：2.5~5 SRM

烟熏麦芽是通过燃烧木材产生热空气，再将其全部或部分用于麦芽干燥而制成的。此做法赋予麦芽强烈的烟熏味。传统方法（来源于德国班贝格市的弗朗科尼亚）以榉木为燃料，世界其他地区则使用其他特殊木材（如樱桃木和桤木）。微烟熏的烟熏麦芽可以百分之百作为基础麦芽使用。

烟熏麦芽的适量使用至关重要，使用过量会完全遮盖基础麦芽的风味，导致啤酒不能饮用且口味单一。通常，美国生产的烟熏麦芽风味比欧洲更重。烟熏味道本身是不协调的，许多人并不喜欢这种味道，但是也有人认为它赋予了一些啤酒特有的风格。

麦
芽

7.4.3 泥炭熏制麦芽

色度范围：1.7~2.5 SRM

泥炭熏制麦芽是烟熏麦芽的一个亚种，使用泥炭作为干燥燃料和风味来源。泥炭熏制麦芽主要用于苏格兰威士忌的生产。它具有非常强烈和独特的类似于创可贴的气味，又像是酚类物质的味道，可以轻易地占据啤酒的主要风味。大多数经验丰富的酿酒师认为这种麦芽最好用在威士忌里，因为用泥炭熏制麦芽酿造的啤酒普遍不受欢迎。

7.5 其他谷物麦芽

该类麦芽是用除大麦以外的其他谷物制成的麦芽。其他谷物也可以像大麦一样发芽，它们有着宽泛的色度范围和风味阈值。例如转炉焙烤的小麦麦芽色度可以达到550 SRM。

7.5.1 小麦麦芽

色度范围：1.5~3.5 SRM

正如其名，小麦麦芽是由小麦代替大麦制成的麦芽。几乎所有的麦芽生产工艺都可以套用在小麦上。有些产品，比如高度焙烤的小麦麦芽对爱冒险的酿酒师来说是很有用的。小麦也赋予了啤酒一些特质，高蛋白含量促进了泡沫的形成和持久性；许多小麦啤酒不过滤；小麦啤酒还有一些其他的风格（比如浑浊和轻微酵母风味）。这可以归因于小麦，但也可能是酵母所致。小麦在许多类型的啤酒中都有使用，如德式小麦啤酒和柏林小麦啤酒。

小麦在麦芽厂和啤酒厂都很难被使用。较高的蛋白质和胶质含量需要更多的酶来降解。在制麦时，小麦比大麦更普遍地使用赤霉素。浓醪糖化可能用到小麦麦芽（尤其是溶解不完全的）。可以在含高比例小麦麦芽的醪液中添加稻壳从而形成一个多孔滤层结构，缩短过滤时间。

制麦时，许多人通常没有过多关注过小麦品种。很少有酿酒师知道他们的小麦麦芽来自于哪种小麦。小麦的种类由蛋白质等级（硬质/软质），麦皮颜色（红/白）和播种时间（冬麦/春麦）划分。小麦麸皮的红色源于其中含有较高的多酚和单宁。越硬的小麦蛋白质含量越高。颗粒大小也可能不同：红小麦往往体积更小，因此难以连续粉碎。

7.5.2　黑麦麦芽

色度范围：2.8~3.7 SRM

黑麦麦芽与小麦麦芽有一些相似之处，但前者具有特色鲜明的辛辣味道，会保留并带入啤酒中。用黑麦和美国酒花酿制的啤酒表现都很优秀，因此，很多酿酒师都认为黑麦的风味和美国酒花的风味能很好地融合在啤酒中。黑麦与小麦和燕麦一样缺少皮壳，在发芽及麦汁过滤过程中表现出发黏、结块和麦汁浓稠等特性。与小麦和大麦一样，也能用多种制麦工艺生产黑麦麦芽。转炉焙烤黑麦麦芽的色度可达250 SRM（如果需要还可以更高）。

7.5.3　燕麦麦芽

色度范围：1.6~6.5 SRM

燕麦通常作为未发芽的辅料用于酿酒，但燕麦也可以（有时候确实能）被制成麦芽。通常将燕麦添加到麦芽配方中，以赋予啤酒饱满、柔软、丝滑的口感。燕麦麦芽（比如辛普森金色裸燕麦）具有浓郁的格兰诺拉麦片风味，在有些啤酒中体现得十分明显。英国贝尔斯公司已经做了一些小批量的定制啤酒，具有良好的发芽燕麦的风味。由于燕麦富含胶质成分，使得过滤特别麻烦，但燕麦为啤酒带来的风味和质感使得一切额外的努力都变得值得了。

7.5.4　蒸馏麦芽

色度范围：1.2~2 SRM

蒸馏麦芽通常使用比啤酒大麦等级更低的大麦制成，通常蒸馏麦芽很少被酿酒师使用。这种麦芽皮壳多，颗粒小，带有很重的青草味。制麦过程最大程度地激发了它的酶活力，让酿酒师能够在糊化醪液中少量使用。在蒸馏容器经过数天的糖化发酵后，麦芽中的酶将淀粉转化成糖。这种麦芽无法为馏出的酒精增添风味，甚至在蒸馏过程中反而会损失了许多风味。考虑到可能导致啤酒风味变得粗糙，我们不推荐在啤酒酿造时使用蒸馏麦芽。

7.5.5　露点麦芽

色度范围：1.2~2 SRM

露点麦芽（也称为短根麦芽），发芽时间很短。虽然麦芽溶解度很低，具有许多未发芽谷物的特性，但它却符合德国《啤酒纯酿法》。露点麦芽主要用于提高泡持性，但由于它的高 β-葡聚糖含量，实际上很难用于酿造。对大多数酿酒师而言，使用一个基本未发芽的谷物来酿酒是在浪费他们的时间和精力。

麦芽风味评价

　　麦芽和麦汁味道丰富多样。风味和香气的主观性使得制定评价标准变得十分困难。啤酒的许多风味可归于某一种化合物：例如双乙酰的黄油味。麦芽风味通常很复杂，由多种成分之间相互作用而产生。制定风味评价标准有利于现代化的风味培训。但是许多麦芽风味并不容易被标准化。目前最有效的两个（即最全面的风味特征）是德国维耶曼公司的麦芽芳香轮®（图7.2）和默里在美国酿酒大师协会 1999 年季刊上发表的麦芽品鉴术语表。

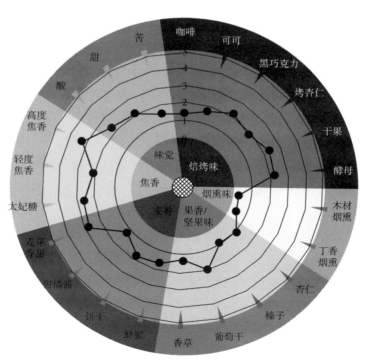

图7.2　维耶曼麦芽芳香轮®

麦芽风味描述（默里，1999）

谷物：曲奇，饼干，吉百利，谷物，干草，好克利，赫斯基，麦芽，麦芽糖，卵磷脂，糕点，甜面包干，阿华田（译者注：吉百利，好克利，赫斯基，阿华田均为食品品牌）

甜：蜂蜜，糖

炙烤：炙烤，焙烤，烤

坚果（绿）：大豆味，花椰菜，粮食味，草味，绿豆，海藻，豆芽

坚果（焙烤）：栗子，花生，核桃，巴西坚果

硫黄：煮熟的蔬菜，二甲基硫醚，硫化物，硫酸

粗糙：酸，酸臭，刺激

太妃糖：太妃糖，香草

焦香：焦香，奶油苏打

咖啡：特浓咖啡

巧克力：黑巧克力

糖浆：糖浆，糖浆太妃糖

烟熏：篝火，木柴火，泥炭，木灰

酚：辣味，草药

水果：果酱，香蕉，柑橘，水果蛋糕

苦：苦，奎宁

涩：涩，涩口

其他：纸板，土，湿纸

回味：品尝后持续时间 / 味道强度

麦
芽

8

第 8 章
大麦解剖学和农艺学

栽培大麦（*Hordeum vulgare* ssp. vulgare）是1万年前在中东新月沃土地区由野生大麦（*Hordeum vulgare* ssp. spontaneum）驯化而来，是人类最早耕种的粮食作物之一。随着社会发展和人类迁徙，大麦随之传播到不同的栽培地区。虽然不太适应温暖和潮湿的热带环境，但是由于大麦具有耐低温、耐盐碱等特性，其更加适合在亚热带至亚寒带这一广阔的地区生长。相对于其他禾本科作物，大麦环境适应能力更强，能够在高寒高海拔地区和干旱半干旱地区种植。

对于绝大多数酿酒师来说，他们不需要全面掌握大麦生理学和农艺学相关知识，但是假如了解一些大麦植株相关背景，对啤酒酿造还是有所帮助的。从生物学意义上来说，一个植株最基本的生物学功能是产生更多后代，完成种群的繁衍。本章节将阐述大麦形态发育以及大麦品质对麦芽制备和啤酒酿造的重要性。

8.1 植株发育和籽粒结构

不论是在麦芽厂还是在农田中，种子发芽起始于种子与亲代穗轴连接基部的萌发，该部位我们又称之为胚。种子由种皮包被，包含胚根和胚芽，从种子基部萌发，胚根分化发育成根，胚芽发育成叶芽。如果是制麦，此时就需要停止胚的生长。而对于土壤中的种子来说，叶芽破土而出之后会发育成为第一片叶子，管状的幼茎继续向上生长，伴随茎结的形成最终长出更多的叶片。叶片基部都有包裹茎的叶鞘，随着植株生长叶片延伸完全展开成为成熟叶片。分蘖是由第一个茎结的侧芽分化生长出来的，在水分和营养充足的情况下，大麦可以产生多个分蘖或者茎秆（图8.1）。

与禾本科中的其他草本植物相同，大麦的叶片也是对生交替生长。通常，大麦植株能够产生6个左右茎结，麦穗由旗叶包裹的茎结产生。尽管只有部分分蘖最终会发育成麦穗，但是现今栽培的品种有效分蘖的比例很高，有效分蘖数是关系大麦产量的一个非常重要的指标。地上部分生长离不开庞大根系支撑，当植株成熟时，植物根部最长可以达到2m。

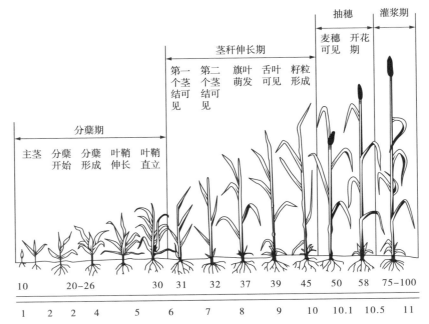

图8.1 大麦生长发育不同时期示意图

大麦生长可以分为三个不同时期，分别是营养生长期、生殖生长期和灌浆期。大麦以自花授粉为主，所以大麦品种繁殖多代也相对稳定。生殖生长期是由旗叶包裹的麦穗发育开始的。大麦籽粒发育从小花（又称为小穗）形成开始，沿着穗轴两侧交替分布。六棱大麦一侧是一个三联小穗，三个小花均可育，产生三粒种子；二棱大麦只有中央小花可育，最终形成一粒种子（图8.2）。当幼嫩的麦穗从叶鞘中完全伸展出来，此时大麦就进入了种子灌浆期。

灌浆期包括种子形成、伸长、胚乳灌浆和胚形成。早期胚乳主要是牛奶状的白色液体，随着种子成熟，胚乳逐渐脱水，成熟时种子脱水收缩，籽粒也变得致密坚硬。麦穗外观形态取决于籽粒密度。如果小穗之间空间足够，麦穗变成弧形的松散结构；如果籽粒空间狭小，麦穗就变得直立而致密。

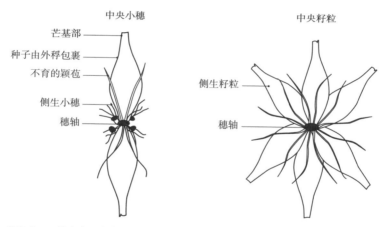

图8.2　二棱大麦和六棱大麦种子发育示意图

8.2　大麦籽粒

和鸡蛋相似，大麦成熟籽粒由胚、胚乳和种皮三部分组成，胚乳提供营养，种皮具有保护作用。在麦芽制备和啤酒酿造过程中，每一个组分都具有其特殊的作用。图8.3所示为籽粒和穗轴的接触点，也就是胚所在的位置。籽粒腹部有一个细小狭长的凹口，又称为腹沟。内稃和外稃位于种皮外侧，截然分开又相互交错，内稃位于腹部一侧，外稃位于相反的背部一侧。芒位于外稃顶部末端，通常长而粗糙，可以参与光合作用促进植物生长，籽粒收获后折断。

通过仔细观察大麦成熟籽粒可以发现，籽粒不是只有一层，事实上它是由截然不同的多个结构组成。种子是一个育种学的术语，从植物学角度出发，许多人认为种子应该称为颖果。比如说桃子，果肉层或者果皮层厚且多汁，可食用。麦类籽粒的果皮位于稃壳下方，通常只有几层细胞厚，在这之下是种皮，对胚和胚乳具有保护作用。桃和苹果种子外层的黑色物质就是种皮。对大麦籽粒来说，果皮和种皮连在一起，又称为种子鞘，可以预防水分流失以及其他环境因子对其内部结构的影响；同时，多酚类物质（又称为单宁）在此富集。大麦籽粒稃壳包含木质素、戊聚糖、半纤维素和二氧化硅等物质，可以防止麦芽在粉碎时酶活力遭到破坏，并且在麦汁过滤时帮助形成滤层。

阿魏酸是大麦和小麦中重要的化学组分，富集于种皮细胞和糊粉层中，帮助细胞壁粘合。阿魏酸（3-甲氧基-4-羟基肉桂酸）是酵母发酵过程生成的4-乙烯基愈创木酚（4VG）的前体，该组分使小麦啤酒具有特殊的芳香味。

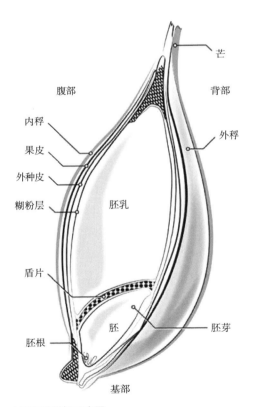

图8.3 大麦籽粒纵切示意图

麦芽

种皮下方是糊粉层，糊粉层和果皮相似，仅有2~3层细胞厚，但与其包被的淀粉胚乳或者皮层内物质不同，它是籽粒成熟后仅有的仍保持有生命活性的组织。糊粉层不会进一步生长，但是会分泌一系列水解酶，供给胚的生长需要或进入胚乳中分解淀粉。

富含淀粉的胚乳可以占到种子干重的80%，是成熟籽粒中最主要的结构。胚乳内部结构由一些大小不同的淀粉颗粒与蛋白质镶嵌而成。大的淀粉颗粒直径达到25 μm，约占种子总淀粉含量的90%；小的淀粉颗粒直径约5 μm，占总淀粉含量的10%。

胚位于大麦籽粒近末端，在籽粒中所占比例很小，约占籽粒干重的4%。随着种子吸水发芽，胚诱导糊粉层细胞合成一系列水解酶，这些酶再分泌到胚乳中，使贮藏物质分解，为种子萌发提供能量。

尽管是自花授粉，大麦却具有两套不同的生殖系统，一套用来形成胚，另一套用来产生糊粉层和胚乳。有趣的是，后者产生的细胞都是三倍体，换句话说就是具有三套共计21条染色体；其中，两套来源于母本花粉，一套来源于父本花粉。胚以及由此发育而来的子代植株都是二倍体，只有两套共计14条染色体。

8.3　大麦病害

大麦、小麦和黑麦等麦类作物在生产中受到多种病害威胁，包括各种花叶病、斑点病、白粉病、霉病、黑穗病、枯萎病、黑粉病、条纹病、污斑病、赤霉病、锈病和腐病。病毒、细菌或者真菌感染都会影响植物正常的发育，降低生长活力。

大麦籽粒发育早期容易受到病害感染，从籽粒灌浆到种子完全成熟前这段时期，病害产生的有毒物质会进入籽粒内部。病害常常会导致籽粒种皮变色，通常能从种子外观看出其生长发育情况和病害感染情况。

赤霉病是发生在穗部的一种常见真菌侵染，真菌会诱导产生真菌毒素——呕吐毒素，学名脱氧雪腐镰刀菌烯醇（DON）。从字面就可以理解，呕吐毒素会影响和损伤动物消化系统。在啤酒酿造上，呕吐毒素含量超过一定值时可能会有喷涌风险，这是啤酒爱好者所不能接受的。因此，市场上呕吐毒素含量高的大麦很难被交易。

赤霉病菌可以寄生在感病的玉米植株残留物中。先进的现代育种技术促使玉米能被广泛种植，且在传统小谷物种植地上均有种植，这也增加了赤霉病感染的风险。染上赤霉病后，大麦籽粒变小、干瘪、变色（图8.4）。尽管大麦收割、晒干后赤霉菌不会继续生长，但是被感染的大麦含有呕吐毒素，感染严重的大麦呕吐毒素含量超过20mg/kg。依据国际食品药品监督管理局（FDA）的规定，粮食和动物饲料中呕吐毒素含量不能超过1mg/kg。制麦中的浸麦步骤可以适当降低呕吐毒素含量，但是多数情况下麦芽厂商不会使用呕吐毒素含量超过1mg/kg的大麦。呕吐毒素含量测定可以在分子实验室中进行，通过酶联免疫法（ELISA）和气相色谱—质谱法测定。

由于赤霉病会造成不小的经济损失（年均1亿美元），育种家一直期望提高大麦和小麦的赤霉病抗性。因此，由科研人员、栽培管理人员、食品制造业人员等组成的美国大小麦赤霉病研究联盟（USWBSI）应运而生，其目的是协作攻关解决赤霉病难题。

图8.4　赤霉病感染对麦穗和籽粒发育的影响

麦角病

麦角病是感染小穗的一种真菌病害，该病害对大麦的影响相对较轻，对异花授粉的黑麦影响较大。对种植户来说，土壤翻耕和作物轮作可以切实有效地防控该病大面积爆发。感染麦角病的籽粒会产生生物碱，误食会引起麦角中毒。该病又被称为"圣安东尼之火"，误食中毒后会导致惊厥性发作和坏疽，麦角病会产生大量的麦角酸衍生物，这种物质可以引起幻觉和非理性行为。欧洲中世纪时期的艺术作品中出现的郁郁葱葱的梦幻景象[比如希罗尼穆斯·波希(Hieronymus Bosch)的作品中]，可能就是感染该病后产生的幻觉，由此可见当时该病的严重性和普遍性。这"无形之火"侵入了村民的身体和思想，他们认为是神灵的鞭策，也有人误以为是鬼怪作祟的结果。

锈病是另一类真菌病害，可以感染大麦、小麦和其他谷物。当禾柄锈菌成功感染宿主植株，病菌就聚集在茎秆和叶片上，呈铁锈色粉末状病斑。该真菌可以借助风媒传播，孢子生成快、扩散快，植物感病后可以导致粮食几乎绝收。该病菌侵染、孵化和再生最短可以在7天内完成，随后成千上万的次生孢子随风扩散。如果外界环境适宜，孢子可以扩散到数百英里外再次感染寄主植物。

1916年由于秆锈病大爆发，北美地区小麦总产量减少近10万吨。20世纪50年代，美国持续大面积秆锈病爆发导致粮食减产近40%。由于秆锈病对农业生产的影响，冷战时期美国和苏联都据此研制了生化武器。

"当今，全球以小麦为主食的人口比任何一个作物都多"，诺贝尔奖获得者、有"绿色革命之父"之称的诺曼·博洛格（Norman Borlaug），2008年在美国《纽约时报》评论说，"秆锈病没有休眠和停止"。经过严密的计算分析和严谨的讨论后，他呼吁更多的作物病理学家和作物保护学家关注秆锈病的研究工作，预防其再次爆发。

博洛格博士在文章中还提到1999年乌干达出现的秆锈病新的毒性生理小种，被称为Ug99。虽然该生理小种与北美地区的生理小种基因组序列相似，但该生理小种毒性更强，能够感染绝大多数当前的小麦和大麦栽培品种，一旦爆发就会导致粮食绝收。最初，该毒性小种分布在非洲东部地区，但是近年来传播加快。抗Ug99的优质啤酒大麦品种选育工作正在开展中，需要首先从大量的种质资源中筛选鉴定抗性基因。从资源筛选、品种选育到大面积应用推广还需要较长的时间。

如果Ug99传入美国，喷施农药可以有效防控病害爆发，目前市场上已有多种商业化农药对包括秆锈病在内的多种真菌病害有效，例如，敌力脱（Propiconazole，商标"Tilt"）。该农药已经在多种农作物中使用，农药供应和产品安全性也没有问题。但是，啤酒大麦也许是一个例外。首先，酿酒师对使用开花后喷施农药的大麦向来谨慎。其次，残留的具有生物活性的农药可能会对酿酒酵母产生负面影响。除了会影响啤酒品质，喷施农药还会产生额外费用导致原料成本增加，最终增加酿造成本。

8.4　成熟、倒伏和预发芽

和多数植物相同，为增加自身生存能力，大麦进化出一套机制预防种子过早发芽。自然界中种子成熟落地以后可以休眠一段时间，当外界温度和湿度条件适宜才会萌发。从自然进化来说，这种休眠机制可以预防寒冬来临前幼嫩种子提前发芽，大麦和其他植物进化出的识别机制可以感知春天来临时外界温暖土壤和湿润气候。

但是，这套机制对制麦来说是一个挑战。种子收获后，需要多长时间可以正常发芽呢？假设大麦种子破除休眠时间早，研究休眠时间的长短也就没有太大意义。如何缩短种子休眠时间，多年来一直是品种选育的关注点，同时也导致了一些意料之外的后果。如果大麦种子不休眠，那么成熟的种子在外界温度和湿度适宜情况下就会立刻萌发。迈克·图恩瓦尔德（Mike Turnwald）是贝尔斯啤酒厂大麦种植农场的员工，7月中旬之后大麦麦穗开始变黄，他就会担忧下雨导致休眠期短的大麦品种出现预发芽。

预发芽与成熟期的阴雨天气有关。麦穗包裹的籽粒在雨水浸湿以后，就会吸水膨胀开始萌发，尽管此时种子还没有收获。无论是在麦芽厂或者麦穗上，种子萌发本身就会引起一系列的酶促反应从而改变种子的营养成分。预发芽过程中，α-淀粉酶活力增加会降解籽粒淀粉，导致制麦时浸出率降低。对用于面包加工的小麦而言，籽粒淀粉含量改变也是非常严重的，会导致小麦销售量和销售价格降低。降落数值检测可以便捷地检测出籽粒预发芽程度。谷物受到预发芽的影响是不均匀的，这样会增加麦芽厂的加工难度和工序，最终导致麦芽品质降低。

作物成熟晚期遭遇暴雨也会导致其他不良后果，高产品种麦穗大，在强风、强降雨以及冰雹条件下容易倒伏。选育高产品种需要兼顾抗倒伏性，麦穗小的品种尽管可以防止倒伏，但是其产量偏低，通常也不具有商业价值。大麦育种中成功选育了一个矮秆抗倒伏品种"斯坦德"（Stander），具有很好的抗倒伏性。

降落数值检测

降落数值检测是一种简便易行的实验方法，可以用来检测预发芽对籽粒的影响程度。将 7g 籽粒磨成粉，加 25mL 的蒸馏水混匀。加热60s 成糊状，测量其通过检测仪器的时间，并以此计算样品黏度。如果检测样品在田间已经发芽，那么大量的淀粉酶就会降解淀粉颗粒改变糊化黏稠物一致性，淀粉酶会破坏大分子淀粉结构导致糊化物的黏度降低。该检测方法含 60s 混匀时间，不同材料之间的时间变化是相当明显的。比如，显著预发芽样品所需时间是 100s（糊化物流过时间 40s），无损伤种子样品通过时间可以达到 300s。该检测方法广泛用于谷物品质质量检测。

8.5 品种选育

20世纪50年代以后，作物产量得以显著提高。伴随绿色革命同时推进的是以杂交技术为基础的品种抗性改良，显著提升了作物对植物病害的防控能力。在耕地面积没有显著增加的情况下，单位产量的大幅度提高满足了人口飞速增长所带来的粮食需求。

美国啤酒大麦产业协会（AMBA）每年都会公布一批适合啤酒酿造的大麦品种，这些是由大麦研究人员、农场主、啤酒酿造师等共同投票选择出来的。品种选育是从材料选择和双亲本杂交开始的，通过分析杂交后代的农艺性状，比如风味、产量和病害抗性等，具有优异表现的遗传材料需要经过多年多点的田间试验。如果表现优异稳定，该遗传材料随后会参加麦芽品质鉴定和酿造品质鉴定。从最初的双亲杂交到完成田间种植试验、商业化命名和成为正式的商业品种，通常需要十年或者十几年的时间。

与玉米（或者人类）不同，大麦以自花授粉为主，因此育成品种的遗传物质稳定许多代。品种之间杂交需要在花粉成熟之前进行，首先需要对母本材料去除雄蕊，然后用父本成熟的花粉与母本杂交。正如哈兰的文章所述，杂交工作异常单调、乏味、费时，特别是需要从事大量的杂交工作之时。

杂交完成后，后代遗传材料需要经过多代自交遗传重组，从而实现理想遗传位点和特殊遗传区段的解连锁或者重组，在大麦中完成该过程通常需要三年时间，单倍体育种技术的应用可以有效缩短育种年限。未成熟的花粉含有一套染色体组，花药在特定培养基离体培养条件下可以发育成完整的植株，通过染色体加倍，培育出含有完整染色体数稳定的新品种材料。

现代分子生物学和遗传学的发展带来了越来越多的技术方法。通过插入外源遗传物质，在现有的生命形式中融入新的优异性状位点，这种方法被称之为转基因遗传改良。目前对该技术的使用一直存在哲学和伦理学的争论。该技术体系在美国发展起来，但是美国目前还没有商业化种植的转基因大麦品种。研究、培育和种植转基因大麦品种的前期投入可能超过1亿美元，目前看来，没有必要在啤酒大麦的遗传改良上投入如此高成本。

通过品种选育、种植栽培和籽粒收获，获得的大麦种子就可以开展田间试种，评价子代材料的农艺性状，诸如产量、秸秆强度、植株高度和籽粒饱满度。表现型比较差的遗传材料将会被剔除，后续不再种植。将待试材料接种病菌，可以检测该材料的抗病性。分子标记辅助选择（Molecular Assisted Selection）是一种新的基因组选择技术，可以借此选择携带抗病基因的染色体区段。通过分子标记快速筛选携带的抗性基因，可以有效剔除抗性弱或者感病的遗传材料，减少后续工作量。这种强大而快速的筛选方法不改变植物的遗传物质，只用于筛选和鉴定自然选择的基因，因而与转基因的技术手段具有本质不同。尽管该遗传学方法加速了品种选育进程，但是植物育种实际上就是一个数字游戏，在生产中命名的、被接受的和广泛使用的品种，所呈现的是基因组片段的重新组合，其来源于最初的双亲遗传杂交。

正如广大读者可以猜想的，大麦品种选育的目的是增加品种的正向遗传效应并减少负向遗传效应。对于育种家和种植户来说，重要的目标性状包括抗病性、多重环境下的农艺性状、生物酶和蛋白质含量，当然也包括农户最为关心的产量性状。如果某一性状特别好，但是其他性状欠佳，该品种通常是很难大面积推广应用的。比如说，干旱耐受性被视为一个很好的目标性状，但是这会导致籽粒蛋白质含量升高，因而不为啤酒酿造师所喜爱。

从植物分类学来说，大麦属于禾本科，禾本科植物还包括了农业中非常重要的粮食作物，比如水稻（*Oryza sativa* L.）、玉米（*Zea mays*）和燕麦（*Avena sativa*）。大麦（*Hordeum vulgare* L.）、小麦（*Triticum aestium* L.）和黑麦（*Secale cereal* L.）亲缘关系很近，属于禾本科小麦族（Triticeae）（注：族是介于科和属之间的一个分类学名称）。由于大麦和小麦相近，大麦研究也受益于在农业上更加重要的小麦的影响。美国小麦族协助研究项目每年资助2500万美元，用于支持大麦和小麦的各项育种研究工作。

山羊草（Aegilops）

山羊草不为大众熟知，却是非常重要的小麦族成员。在世界上绝大多数地方，山羊草被视为影响小麦生产的田间杂草，会导致小麦减产。在农耕文明形成以前，这些野生杂草和野生一粒小麦（*Triticum uratu*）、大麦一样被当作口粮。一粒小麦，其名称来源于德语，约50万年前在中东新月沃土地区出现。一粒小麦和山羊草都有7对染色体，分别编码约3万个基因。相对而言，人类具有23对染色体，约2.1万个基因。一粒小麦和山羊草都是二倍体，每一个杂交亲本彼此贡献一个染色体组，即7条染色体。在某一个时间点，野生一粒小麦和拟斯贝尔托山羊草（*A. speltoides*）自然杂交形成四倍体野生二粒小麦（*T. dicoccoides*），拥有4套染色体组，其杂交后代每一个亲本贡献14条染色体。考古证据显示，栽培二粒小麦约1万年前出现。随后，栽培二粒小麦和粗山羊草（*A. tauschii*）自然杂交形成异缘六倍体小麦，成为现代面包小麦的祖先材料。其携带42条染色体，基因组大小约为16Gb，约9万个基因，是已知禾本科粮食作物中具有的最复杂和庞大的基因组。

部分酿酒师对于大麦遗传多样性的了解程度，仅限于可以区分二棱大麦和六棱大麦，实际上大麦品种间存在丰富的遗传多样性。哈兰从世界范围内收集了许多不同的大麦种质资源。用于生产啤酒麦芽的大麦品种具有不易自然脱落的稃壳，也有一些大麦种子成熟后实际上是没有稃壳的，这些天然无壳的大麦称为裸麦，又称为青稞。与之不同的是，常见的用于熬汤的大麦粒原本是有壳的，是通过机械完成脱壳的。这些裸大麦品种主要种植于东亚地区的中国、日本和尼泊尔等国家。

除了不同国家和地区大麦品种之间的遗传差异，不同品种大麦间也存在一些细微的差异。例如，啤酒大麦籽粒从外稃延伸出来的长长的麦芒部分，有些品种的侧生小花可育；有些品种和穗轴相连的小穗容易折断，有的不容易折断；有些品种糊粉层是蓝色的等。目前已经证实，单个基因控制麦穗棱型，形成二棱大麦或者六棱大麦。冬大麦秋天播种可以成功越冬，春大麦春天播种。大麦可以是一年生或者多年生。尽管如此，现有的证据表明，当前栽培啤酒大麦的基因库依旧相对狭窄。

8.6　大麦栽培

栽培大麦可以在世界多个地方生长，比其他禾本科作物更加耐高寒和耐干旱。尽管大麦可以种植在温暖或者湿润的生长地带，但是它更加喜爱凉爽和干燥的气候条件。大麦可以种植于非洲北部干旱地区、澳大利亚的盐碱地、世界屋脊青藏高原，以及欧洲、亚洲和美洲的绝大多数地区。大麦不是主要的食用口粮，更多用于动物养殖。小麦口感更佳而且谷蛋白含量更高，可以用于焙烤面包和制作意大利面。

美国和加拿大主要种植春大麦，春天冰雪解冻土壤变干后就可以使用大型农业机械开始田间播种。大麦播种通常1~2英寸（2.54~5.08cm）深，行距15~20cm，每公顷用种22.68~54.43kg。取决于外界环境条件，播种后3~10天大麦开始发芽。

和多数农作物相同，肥料和营养元素的施用可以促进大麦生长。氮肥可以促进根系粗壮和植株高大，通过计算得知，收获21.77kg的大麦籽粒通常需要从土壤中吸收453g的氮元素。合理控制氮肥施加，可以增加大麦产量和籽粒品质。但是，普遍的观点认为，过量施用氮肥并不能增加籽粒的蛋白质含量。提高大麦产量需要合理平衡磷肥和钾肥用量。

大麦种植地域广泛，在不同栽培地区会受到不同病害的威胁。在湿润的玉米种植区域，赤霉病是其主要病害。大麦黄矮病由蚜虫传播，主要威胁冬大麦。同时，冬大麦也更加容易感染白粉病。比起大麦，条锈病更容易侵染小麦。在一些大麦种植区域，提前喷施农药可以有效预防常见的大麦病害，也可以使用除草剂控制杂草，对于啤酒大麦来说，这些预防措施在拔节之前就需要完成。

图8.5为本书作者在贝尔斯农场收获大麦的情景。

图8.5 本书作者在贝尔斯农场收获大麦

8.7 大麦产业和市场竞争

从20世纪30年代以后，美国大麦种植面积持续降低，啤酒麦芽和动物饲料对大麦的需求量减少是原因之一。啤酒大麦种植依然是有收益的，但也有潜在风险。啤酒大麦价格取决于大麦品质是否满足麦芽厂商的要求，品质不达标的大麦只能低价出售用于生产动物饲料，由此可能导致成本高于收益。为了应对这一风险，美国目前已经开始推行农业保险。

越来越多的大麦生产从传统种植模式向订单农业转变。为了确保原料供应，麦芽厂和啤酒厂与农户提前签订种植协议。如果啤酒大麦的某一特性不达标，比如蛋白质含量超标、发芽率低或者籽粒感病等，依据协议啤酒厂可以拒单或者降低收购价格。由于区域性的啤酒消费兴起以及对啤酒大麦需求的增加，非传统大麦种植区域的种植农户和拥有种植农场的麦芽企业都遇到各自的挑战。美国马萨诸塞州峡谷麦芽厂（Valley Malt）的安德里亚·斯坦利（Andrea Stanley）预测，"由于环境湿润，新英格兰地区大麦的蛋白质含量降低对我们来说已经是最小的问题了。本地大麦主要问题是：呕吐毒素含量高、预发芽、瘦小粒多、百升重低、发芽率低等。尽管如此，我们也很少提出降低收购价格，因为我们需要提高农户种植积极性，继续增大大麦种植面积。在当前大麦种植面积急剧萎缩的情形下，我们没有选择。"

大麦同样需要与其他农作物竞争。半个世纪前，传统大麦在北达科他州和明尼苏达州西部地区种植经济性很好，大麦种植成本显著低于玉米。但是，作为动物饲料来说，各类产品营养成分差异不大，可替代性强，市场会优先选择价格低的农作物。高产、耐干旱的作物，如，转基因玉米、油菜和大豆，具有竞争优势，种植面积增大，从而导致美国大麦产量持续降低。

从美国联邦政府层面来讲，"自由农业"基金、土地休耕保护计划以及联邦农业保险调整也影响了种植大麦的积极性。1986年美国大麦总产量是1324万吨，2010年大麦产量减少到418万吨。1986年的大麦中，饲料大麦的占比大于50%，啤酒大麦约占20%。而现在，绝大多数的美国国产大麦用于生产啤酒。过去，美国和加拿大的大麦总产量高，麦芽厂可以从中挑选优质大麦。但是，由于当今种植面积持续减少，如果收获前景不好，麦芽厂也不得不使用次级大麦。

美国啤酒大麦产业协会（AMBA）的主要工作是确保市场中优质大麦供应充足。大麦是一种公益性的农作物，当前大麦产业的合理健康发展依赖于持续的研发资金投入。麦芽厂和啤酒厂都应该关注大麦产品供应链上的各种变化，从大麦病害爆发到经济指标和气候环境变化等，大家共同努力推动美国啤酒大麦产业协会在美国啤酒产业中的重要性。啤酒厂和麦芽厂也应该意识到现代大麦产业的重要性，并且参与到大麦产业发展的讨论之中。不管是啤酒厂还是啤酒爱好者，我们都应该意识到，没有大麦就没有啤酒。

参考文献

[1] P.M. Anderson, E.A. Oelke, and S.R. Simmons, *Growth and Development Guide for Spring Wheat.* (University of Minnesota Agricultural Extension, 1985), Folder AG–FO–2547.

[2] Chris Colby, "German Wheat Beer: III (Mashing and the Ferulic Acid Rest)", *Beer and Wine Journal.* September 9, 2013. http://beerandwinejournal.com/german-wheat-beer-iii/.

[3] DON (*Vomitoxin*) *Handbook*, United States Department of Agriculture Grain Inspection, Packers and Stockyards Administration Federal

Grain Inspection Service. (Washington, DC., 2001), http://www.gipsa. usda.gov/GIPSA/webapp?area=home&subject=lr&topic=hb-don.

[4] D. Demcey et al., "Economic Impacts of Fusarium head blightin Wheat", *Agricultural Economics Report* No. 396, (Fargo,ND: North Dakota State University, Department of AgriculturalEconomics, 1998).

[5] F. William Engdahl, "Rust to Fertilize Food Price Surge", Asia Times April 4, 2008.

[6] American Malting Barley Association (AMBA), *No Genetically Modified (GM) Varieties Approved for Commercial Production in North America*, (Milwaukee, WI, 2014), http://ambainc.org/content/58/ gm-statement.

[7] Karen Hertsgaard "Declining Barley Acreage", *MBAA Technical Quarterly*, Vol. 49, No. 1, (St. Paul, MN: MBAA, 2012), 25-27.

[8] USDA National Agricultural Statistics Service http://quickstats. nass.usda.gov/results/71C4B26B-FFB1-3AF6-A8A6- A3835FDB8C22?pivot=short_desc.

麦芽厂之旅
——微型制麦工坊

　　不必惊奇，美国，或者应该说，全世界家酿或精酿啤酒市场的稳步增长，使得微型制麦也随之发展起来了。制麦和酿酒背后的科学确实十分复杂，但其操作流程却不难实现。本节将会讲到的关于微型制麦的操作和设施足以证明这一点。虽然微型制麦在设备和规模方面和之前参观过的规模化麦芽厂有所区别，但两者包含的科学和精神却是相同的。这些微型制麦工坊的企业家们是富有激情和创造性的一族，他们正在打造一个人际网络，这不禁使我想起30年前精酿圈的初期状况。如今，很多小型制麦工坊在美国、英国、澳大利亚和阿根廷等各种不同地理环境、不同气候条件的地方纷纷涌现。

库珀·福克斯酒厂和麦芽厂
弗吉尼亚州，斯佩里维尔

　　库珀·福克斯蒸馏酒厂成立于2000年。酒厂老板瑞克·瓦斯蒙德（Rick Wasmund）2005年开始生产麦芽，这是因为酿

坐落于历史悠久的磨坊里的库珀·福克斯酿酒厂

制他们厂独特的威士忌需要用到独特的麦芽。当你参观库珀·福克斯古老的麦芽厂房时，你一定会想：制麦怎么能简单成这样呢？这里的麦芽是生产他们的果木烟熏陈酿威士忌的原料。瑞克自信沉着地向我们解释了他们生产麦芽的统一流程。整个流程始于弗吉尼亚州的北内克，他们与农场主比利·道森签订了种植通用良种（Thoroughbred）这一大麦品种的合同。通用良种是弗吉尼亚理工学院培育的一个大麦品种。酒厂的浸麦槽每周会浸渍两批1200磅（544kg）通用良种。大麦需要浸渍2天，然后将其轻轻地铺展到几英尺厚的、有环氧树脂涂层的混凝土地板上。在接下来的5天发芽期内，需要定期人工翻麦。

然后将绿麦芽从发芽区运送到一个地板有孔的房间内，该房间的下层有一个柴火炉。生火之后，热量会一直上升穿过干燥床，在2天内将麦芽烘干。干燥过程中所用的苹果木和樱桃木屑赋予了单一麦芽威士忌的主要风味。将当地果园的木块置于柴火炉上熏烧可以散发出辛辣刺激的烟气，为麦芽带来独特的品质。当麦芽制备完成时，装入麻袋备用。

没多久我们便参观完了整个厂区，可见整个流程有多么简单。麦芽检测是不可缺少的环节，手和口是最主要的工具。瑞克一般使用咀嚼麦芽的经验方法来判定麦芽品质。

蒸馏室和麦芽仓分别建在酒厂的两端，这样的设计很合理。在糖化之前，首先要用锤式粉碎机将麦芽粉碎。将糖化得到的稀麦汁输入池中，加入酵母使其发酵数天，再将其进行蒸馏。最终，用更多果木屑进行陈酿，得到清亮的155酒精度（在美国，Alcohol proof是酒精饮料的酒精度单位，度数大约是ABV的两倍。）威士忌，然后灌装。除了保证自己酒厂的需要，瑞克还为其他酒厂和酿酒师供应麦芽。

峡谷麦芽厂
马萨诸塞州，阿姆赫斯特市

一直以来，康涅狄格峡谷肥沃的土壤滋养着烟草等特色作物。阿姆赫斯特市附近有一座哈德利农业小镇，安德里亚和克里斯坦·斯坦利夫妇的峡谷麦芽公司便位于镇上一条半住宅区街道的粮库中。很多很多年前，大麦产区一直向西迁移出该地区，但这个粮库还一直供当地种植其他作物的农民使用。安德里亚总结了一套理论，"优质的麦芽源于田野，劣质的大麦生产不出优质的麦芽。必须科学种植大麦。"

这对夫妇制麦的方式非常耗费精力，不但需要参加培训和学习，还要有热情。克里斯坦是一名机械工程师，负责培训和贸易；安德里亚则收集了很多与制麦历史和工艺相关的书籍。在开始这项事业之前，这对夫妇获得了迈克尔·杰克逊奖学金。所以他们参观了英国8家小型地板式麦芽工厂，并在北达科他州立大学谷物实验室参加了4天的制麦课程。

他们在600平方英尺（55.7 m^2）小型厂房里建了一套处理量为4t的气动制麦系统，计划在2013年用这套系统生产75t麦芽。尽管使用了计算机控制的鼓风机来维持设定温度和湿度水平，但这套系统还是很难完全实现机械化操作；事实上，安德里亚会定期在仓库里用雪铲翻麦。

这家麦芽厂的核心设施是由他们自主设计的各个独立容器。把两个8英尺×8英尺的浸麦池分成两半；每部分可以装1t谷物。大麦装载厚度大约2英尺（61cm）。每隔一天就可以开始制备新一批麦芽。大麦需要在9英尺（2.7m）深的12~15℃水中按照工艺参数的规定浸泡固定的时长。安德里亚使用水池撇渣器除去谷壳和其他漂浮物。在每段浸水操作之间会进行断水，以便种子可以获得氧气。

进入发芽期之后，车间装有鼓风机和排风管道。必须对温度和湿度进行监控和调整，严格控制发芽条件。空气温度可以调高也可以降低，另外还可以用水雾喷嘴进行加湿。发芽完毕后，麦芽床厚度会达到40英尺（12.2m）。

制麦的最后一道工序是干燥。干燥过程需要利用鼓风机，将由锅炉带动的热交换器产生的热空气送入车间。在最初的18~24小时内，用低温的空气便可以将麦芽中的游离水分除去。经过"临界点"之后要进行凋萎，这个"临界点"是指麦芽整体变干，排出的湿气下降的时刻。在凋萎阶段，会继续产生颜色和风味物质，直到最后用室温空气将麦芽冷却为止。

然后，将麦芽运到除根机中进行除根，期间使用筛式清选机将尺寸较小的物料分离出去，最后进行包装储存。纽约州实行了一项新举措，对使用51%及以上当地种植的粮食酿制的酒类降低税率。所以麦芽厂的40~50位用户都来自啤酒厂和蒸馏酒厂。

因为大麦的质量可以在很大程度上决定制麦的结果，所以麦芽厂对收到的大麦都要送去进行质量检测。降落数值测试（第8章）表示是否存在穗发芽情况。浸麦断水期间需要格外注意，防止整批大麦产生乳酸。

在与安德里亚和克里斯坦的交谈中我们了解到，他们的制麦方法主要遵循了传统制麦方法。过去使用的许多质量评估方法仍然适用于今天的小规模制麦工坊，比如，可以通过用手简单地摇动一定量的麦芽来估计其密度，从而判定其含水量。一名经验丰富并善于观察的制麦者可以通过简单的嗅闻来判断一批麦芽的生产过程是否正常：新鲜的麦芽闻起来有类似切黄瓜的味道。

受"土食者"运动的影响，峡谷麦芽厂在产品包装上会特别标注大麦来自哪个农场。安德里亚说，"人们很希望知道他们的食物来自哪里。"除了当地作物，麦芽厂还尝试开发特色混搭产品，比如樱桃木熏制的黑麦芽。人们通过农场酿酒师冬季周末大会和一直进行的各种试验，开展培训和交流活动，教人们种植已有60多年历史的当地大麦品种。他们已经在查尔斯、播种者、纽代尔和品尼高等大麦品种的试验方面取得了很好的结果。

密歇根麦芽厂
密歇根州，谢泼德市

温德尔·班克斯（Wendell Banks）有很多商业经验，在创建密歇根州中部农业小镇的麦芽厂之前，他曾经做过酿酒师，也做过有机农场的农场主。现在，他的麦芽厂为全州好几家啤酒厂和蒸馏酒厂提供麦芽。温德尔·班克斯站在刚发芽的大麦堆旁边给我们耐心地讲解："人类的制麦历史已经有10000年，而我制麦的方法还跟最初的9500年一样。"

密歇根麦芽厂的地板式制麦工艺与库珀·福克斯麦芽厂完全不同。其核心装置是一辆经过特别改造的不锈钢豆芽小车，该小车可以装载3000磅（1.361t）大麦和小麦。制麦就从这辆小车开始。经过2天的间歇性浸麦，将水排尽后，吸足水的大麦留在有栅栏的假底上。

起初，温德尔让大麦在小车内发芽，但是随着产量的增加，发芽操作便转移到一个混凝土地板上。随着麦芽生长，需要人工和机械进行翻麦。干燥过程中，这辆5英尺（1.5m）乘以10英尺（3.0m）的小车可以装载16英尺（4.9m）到18英尺（5.5m）厚的绿麦芽。另外还需在底部加装一个140万BTU（英制热量单位）的鼓风机或加热器，产生的热空气对麦芽进行干燥，需要6~8小时。

干燥完成之后，将麦芽送入一台旧式的Clipper 1B型号的种子清洁器中除去麦根和毛刺，然后包装入袋。如果算上制麦损失，成品麦芽的产量大约是2500磅（1.1t）。温德尔绘声绘色地总结他的商业模式："我过去常常发豆芽，现在是发麦芽。不同的是我现在需要最后将麦芽烘干。"

温德尔·班克斯站在他密歇根州谢泼德市的麦芽厂外

密歇根麦芽厂经过改造的豆芽小车，用于大麦的浸渍、发芽和干燥过程

科罗拉多麦芽公司

科罗拉多州，阿拉莫萨市

圣路易斯山谷在海平面7500英尺（2286m）以上，海拔很高并且气候干旱。该地区的年降水量很少超过7英寸（17.8cm），而且主要是冬季降雪。如果灌溉充足，白天晴朗、夜晚凉爽的条件对于种植大麦是再好不过了。科迪家族农场已经连续4代人为康胜啤酒公司种植大麦了。詹森·科迪（Jason Cody）和乔治·科迪（Josh Cody）的祖父有一块康胜啤酒公司赠与的银表，那是对他为康胜公司提供大麦长达40年的奖赏！

2008年，詹森和乔治做出了新的决定：修建一个制麦车间，用他们自己种植的大麦进行制麦试验。起初，该试验车间每次只能处理500磅（226.8t）大麦，就连当地的酿酒师也对科迪兄弟的做法持怀疑态度。但是，当他们开始使用科迪麦芽厂的麦芽酿酒之后，这种怀疑也随之变成了信赖。随着对麦芽需求的增长，促使他们必须扩大生产规模，所以他们后来又建了一个新的麦芽车间。现在年产量已经达到500000磅（22.7万吨）了。2014年，科罗拉多麦芽公司（CMC）已经用自己种植的大麦生产了400000磅（18.1万吨）麦芽，而且还计划额外购买大麦制作麦芽。

罗格麦芽厂

俄勒冈州，泰格山谷

俄勒冈州泰格山谷位于科罗拉多州以西。罗格啤酒厂就位于俄勒冈州的乡村和干旱的泰格山谷。罗格啤酒厂在这里有自己的农场，种植用于制麦的冬大麦和春大麦。起初，制麦项目在它原来的波特兰厂进行，转到农场之后，必须扩大项目规模。现在，它可以生产多种独有品牌（比如优质短根比尔森麦芽）的地板式麦芽。罗格麦芽厂对每批麦芽都进行全面的质量检测。"制麦是有难度的一件事，我们一整年的时间都要花在这件事上。"罗格麦芽厂的首席运营官迈克·艾萨克森（Mike Isaacson）说道。

长达38小时的浸麦是为了将大麦的含水量提高到45%。他们将一个开顶发酵池进行改造，安装上通气管和溢流管，便可用来浸麦。之后在混凝土地板上发芽4~5天。混凝土地板表面要加一层环氧树脂涂层，这样可以更好地防止有害霉菌的生长。8英寸（20.3cm）厚的麦芽床每天需要人工翻动很多次，而铲除这批麦芽却只需要20分钟左右。

干燥炉的规格是4英尺×10英尺，其底部多孔，安装在地板上面一英尺高处。一台火炉和鼓风机将空气从18英尺（5.5m）高的麦芽床底部送入。将麦芽的含水量降至5%需要大约2天时间，每批处理量为1400磅（635kg）。罗格说，他们可以生产2000磅（907kg）批量的麦芽，但是"干燥炉负担不了这么大的批量。"

清洁和除根都是在一个筛分台上进行的，这个阶段处理1200磅（544kg）的成品麦芽需要40h左右。啤酒厂最喜欢的麦芽就是这种每小时大概生产50磅（22.7kg）的麦芽厂生产的产品。艾萨克森总结道："当你用双手真实地抚摸这些谷物时，那种感觉棒极了！你可是在制麦呀！"

整个制麦行业

尽管世界上的大部分麦芽都是由高度机械化、高效率的大型麦芽厂生产的，但小型制麦工坊不但在美国，也在其他国家存在。有30多年大型工厂制麦经验的制麦师格兰特·鲍威尔（Grant Powell）决定开办自己的麦芽厂。鲍威尔的麦芽厂位于澳大利亚墨尔本南部郊区。从2003年开始，鲍威尔和他的儿子迈克尔（Michael）为特种麦芽市场提供比尔森麦芽、爱尔麦芽、慕尼黑麦芽和小麦麦芽。

马丁·博安（Martin Boan）和他的妻子卡罗琳娜（Carolina）于2005年在阿根廷布宜诺斯艾利斯创建了BA麦芽公司。每批的产量是1200kg麦芽。他们利用阿根廷当地种植的斯卡利特（Scarlet）大麦生产各种基础麦芽、高焙焦麦芽、焦糖麦芽和焙烤麦芽。他们还能生产小麦麦芽和黑麦麦芽。精酿啤酒已经在南美洲稳步发展了多年，BA麦芽厂现在已经将他们的麦芽卖到了阿根廷、巴西、乌拉圭和巴拉圭的300多家精酿啤酒厂。马丁说过去3年公司的年销量连续翻番。

尽管拥有啤酒酿造的悠久历史，斯堪的纳维亚多年来主要依赖国外进口特种麦芽。2006年，北欧酿造协会通过奥斯陆北欧创新中心发布了小型制麦贸易发展计划。该计划包含了关于建造500kg麦芽生产能力的麦芽厂项目，最后得出的"北欧麦芽厂"报告为此提供了详细的突破点和具体的分析。该报告的目的是建设简单、灵活、模块化、技术含量不高、投资不大的小型麦芽厂。但该文件对于想要联合起来建立小型麦芽工坊的当地农场主和酿酒师们却毫无参考价值。因为，根据该报告的计算，仅购置每年生产300t麦芽的设备投资就接近20万美元。

温馨提示

尽管建立一个小型制麦工坊好像只需要一个水池和一大片地板，但制麦生意真的不好做。从某种意义上说，就像酿酒一样：任何人都可以将麦芽、水、酒花和酵母混在一起，机械地酿制一款啤酒。但是一款发酵饮料和一种人们愿意花钱购买的商品之间还是有很大区别的。微型制麦者需要卖出好价钱来维持经营（盈利），这与高度机械化的大型麦芽厂也需要卖出好价钱的意义是完全不同的。小型制麦厂能够把什么样的产品送到啤酒酿酒师或蒸馏酒酿酒师的手中，这对其能否取得商业上的成功至关重要。

　　制麦也一样。你可能觉得很容易就能买到你所需的大麦，但其实符合制麦要求的大麦并没有那么多。事实上，大麦种植面积在美国只占1%。2014年，美国玉米预计收获13.8亿蒲式耳（350百万吨），而大麦只有187百万蒲式耳（4.1百万吨）——玉米多出了70倍。20世纪80年代是大麦产量的高峰期，当时有大约30%的大麦用于制麦。更多的大麦用于做动物饲料，而且实际上制麦者只能挑选其中的优质大麦用来制麦。任何品种的大麦都可以用作动物饲料，但有些大麦品种蛋白质含量较高、籽粒较小而不适合制麦。而用作动物饲料的大麦需要高蛋白质含量，籽粒大小并不重要，所以这两种大麦价格差别很大。过去40年里，制麦所需的大麦需求一直很稳定，但是大麦的种植总面积减少了，所以现在有75%的大麦用于制麦。供求关系的变化也改变了农民在安排来年的种植计划时承担的风险。

　　农民在安排下一年度的种植计划时需要权衡三个因素：经济性、农艺学性状和劳动强度。经济性是指下一年度他能通过种植该作物获得多少利益。玉米和大豆在芝加哥商业交易所都有期货市场，而大麦却没有（只占总市场的1%）。大麦种植者也不是必须要种植大麦，如果其他作物的利润更高，那他（或她）就会果断做出改变。实际上，北达科他州的一家农场大约是5000英亩（20km²），其中500～1000英亩可能用来种植大麦（而且可能不止一个品种），这就是为什么要考虑农艺学性状的原因了。农民可以通过轮作，种植不同的作物或者不同品种的作物使土地保持健康，每种作物的收获时间错开也有利于时间和劳动力安排，而且如果其中有任何一种作物收成不好也规避了经济风险。

　　种植大麦要比种植玉米和大豆等其他作物更需要经验并关注细节问题。农民们有很多针对玉米和大豆的农药产品，包括抗病、杀虫剂和除草剂。农民们完全可以播种下这些作物，施完肥，然后便不用再打理，成熟时直接来收获即可。而大麦种植者则必须仔细估计施多少肥才能提高产量，而施肥太多还会导致蛋白质（通俗地说就是总氮）含量增高。大麦适宜在凉爽的季节生长，气候条件对籽粒发育有重要影响。授粉期或籽粒发育期气温较高都会杀死胚或阻碍籽粒正常发育。不正常发育的籽粒胚乳较小，蛋白质含量相对较高，最终农民的收益不好。

　　制麦者和酿酒师都很挑剔。对制麦者来讲，即使一批大麦除了蛋白质含量较高其他方面都很完美，其价格也会打折扣。而如果大麦的表观和大小上有瑕疵，那就只能拿去做动物饲料了，价格会更低。为什么制麦者和酿酒师会如此挑剔呢？因为大麦质量的任何变化都要求麦芽厂和酿酒厂对标准化工艺进行调整，这样便增加了工作量。时间就是金钱，就是这么简单。这些压力导致的结果就是，大麦市场变得和酒花市场一样——合同是最重要的。尽管小型麦芽厂也能在某些开放市场购得大麦，但数量越来越少。你可能会想，你可以号召当地农民为你种植大麦呀。但是你要明白大环境是怎样的，而且他们可能真的对种植大麦不感兴趣。只有当种植者变成最终使用者时，种植大麦才会有更大的经济意义，就像罗格啤酒厂和贝尔斯啤酒厂那样。

9

第 9 章
大麦品种

美国卡拉马祖酒业（Kalamazoo Libation Organization of Brewers，KLOB）产品推介会上的与会者不乏当地酿酒俱乐部的资深成员、家庭酿酒师和专业酿酒师。如果谈及酒花品种，他们能快速说出多种耳熟能详的啤酒花品种，并进行活跃而激烈的讨论。稍后，当问及钟爱的啤酒大麦品种和啤酒麦芽，会场就会安静许多，因为他们熟知的只有"玛丽斯奥特"（Maris Otter）和"金色诺言"（Golden Promise）两个啤酒大麦品种，以及"结晶"（Crystal）、"慕尼黑"（Munich）和"饼干"（Biscuit）三种啤酒麦芽，他们对啤酒大麦的关注度远不及啤酒花。尽管大麦品质在啤酒酿造中如此重要，但是在啤酒行业协会中也很少有人关注大麦和大麦产业。多数啤酒酿造师认为，啤酒的优劣取决于啤酒酿造工艺，并不在于所使用大麦品种品质的优劣。

新格鲁斯酿酒厂（New Glarus Brewing）的丹·卡雷（Dan Carey）先生一直关注大麦品质对成品啤酒品质的影响。拥有瑞士风情的新格鲁斯（New Glarus）小镇坐落在威斯康星州中南部，站在山上可以一览风景如画的家庭庄园以及漂亮的啤酒厂。尽管其生产的啤酒只针对威斯康星州消费市场，但由于该公司专注于高端啤酒酿造，因此在啤酒市场享有盛名。卡雷是一个教育背景优秀、知识全面、有实干精神的酿酒师，正如他同事所说，如果上帝对于啤酒酿造有疑惑，都可以向他咨询。

在我与卡雷的谈话中，他具有洞察力的评论反映出其详细而全面的啤酒酿造哲学。很显然，他关注大麦育种、大麦生产、麦芽制造、啤酒酿造以及终端消费等整个流程。他认为，啤酒酿造的关键是了解使用的大麦品种及其生长环境和麦芽来源，据此评估该原料是否适合本公司的啤酒酿造。卡雷认为啤酒酿造是为了迎合自然属性，他相信大麦的品种属性对啤酒酿造非常重要（他酿造具有地区特色的啤酒）。正如埃里克·托夫特［Eric Toft，就职于德国巴伐利亚州东南部地区朗德布让艾·舒恩汉姆（Landbrauerei Schönram）啤酒厂］，他只使用本地农场生产的酒花，他认为品味啤酒附带的文化韵味远比简单的商品贸易有趣。

纵观啤酒酿造史，有许许多多的不同类型的大麦品种成功用于啤酒酿造。但是，对某些特定品质来说，部分大麦品种显著优于其他品种，不同品种的优质二棱啤酒大麦之间酿造品质也并不相同，了解大麦品种特点可以更好地控制啤酒发酵过程。为了鉴别品种之间的品质差异，我们有必要了解大麦品种的来源及其选育过程。

9.1　地方大麦品种

并非所有大麦都来源于单一的大麦品种。大麦地方品种是指非单一遗传背景的混杂材料。经过长期自然选择，他们对于所处生态区的自然环境和气候条件具有很好的适应性。通过几个世纪的自然进化选择，最优的遗传群体得以延续，这些材料适应当地种植、生产和收获等全过程。由于该地区农户长期种植相同的大麦品种，这些种质资源就具有了地域特色。农业历史学家相信，欧洲中世纪主要种植六棱大麦，当今种植的二棱大麦很可能来源于十字军东征时期由中东地区带回来的种子材料。现在确定的地方品种包括"比尔"（Bere或者Bygge，苏格兰地区最早发现），"汉纳"（Hanna，捷克共和国），"奥德布鲁克"（Oderbrucker，德国柏林附近），"满洲里"（Manchurian或者Manshury，是一个东亚大麦材料）。

部分优良地方品种是通过系统选育获得的，其中也有运气成分。保罗·施瓦茨（Paul Schwarz）是美国北达卡他州立大学一位备受尊敬的教授和植物育种学家。如他所言，1886年之前，英国细穗二棱大麦品种"谢瓦利尔"（Chevallier）占英国大麦种植面积的80%~90%。与之同名的牧师约翰·谢瓦利尔（John Chevalier）描述该品种的选育过程，"安德鲁斯（Andrews）是我的雇员，住在德贝纳姆的木屋里。一天，他穿过麦田时摘了几个麦穗，到家后随手扔到了他的花园中，部分麦穗成熟后获得种子。由于麦穗发育特别好，谢瓦利尔随后做了种植试验，从而得到该品种资源。"该材料的一个后代品种"戈尔德索普"（Goldthorpe），是由约克郡一位名叫戴森（Dyson）的先生选育，该品种的选育过程和安德鲁斯获得"谢瓦利尔"的过程异曲同工。

9.2　大麦品种的变迁

19世纪以来，大多数杂合的大麦地方品种随着人口流动传播到其他地域，"满洲里"大麦品种的传播就是一个典型的例子。"1861年，赫尔曼·格鲁诺（Herman Grunow）博士在德国旅行途中，意外获得一份六棱大麦材料。这份大麦是一位德国旅行家于1850年在俄罗斯和满洲里交接的阿穆尔河（Amur River，中国称黑龙江）附近收集的。""满洲里"后来成为美国所有六棱大麦的源种。

伴随欧洲移民一同前往北美新大陆的还有珍贵的大麦种子。除了德国人喜爱的"满洲里"六棱大麦，20世纪前北美地区还有其他三种大麦品种在大面积种植。排名前两位的是源于苏格兰的"比尔"和"英国二棱"，由新英格兰州和纽约州的移民种植。这些大麦品种进入新大陆后没有立即大范围种植。南北战争前，啤酒还不是特别大众的酒精饮品，苹果酒是最受欢迎的酒精饮料。因此，当时的啤酒大麦市场并不大，绝大多数的大麦还是用作动物饲料。

而在这之前，大麦已经随着早期西班牙移民一同来到了美洲。1900年前后，被称为"海湾"（Bay或California Coastal）的大麦品种（一种起源于北非的大麦品种，通过墨西哥传入加利福尼亚州）被大量种植在北美大陆西海岸。圣卡耶塔诺图马卡科里（San Cayetano de Tumacácori）教堂位于美国亚利桑那州南部，于1701年建造。经研究，当时建造教堂所用土块含有的大麦籽粒棱型和"海湾"相同，这表示这些种子是随移民一同到达这一区域的。18世纪后期，北美的英国移民已经发现六棱大麦品种的商业价值，开始定期从欧洲大陆进口六棱大麦。

20世纪40年代，由于啤酒厂倾向于使用六棱大麦，当时美国和加拿大的二棱大麦所占比重很小。后者分布在太平洋东岸北美西北部地区，主要有"汉兴"（Hannchen）和"坎帕拉士麦那"（Compana-Smyrna）两个品种，分别来源于欧洲大陆和土耳其。除了这两个优势品种，田纳西州部分地区也有六棱冬大麦种植（很可能来源于巴尔干半岛），但是密歇根州贝尔斯农场种植冬大麦的死亡率很高，很可能是由于气候不适，导致冬大麦只适合在田纳西州种植。目前，这些地区种植的饲料大麦已经被玉米替代。结合品种名称和生长地域，人们推测这些大麦品种曾经可能用于酿造肯塔基啤酒（Kentucky Common Beer）。

在世纪之交，大麦育种迎来了新的机遇。美国啤酒需求持续增长，人口持续向西部地区流动影响着植物育种家的关注点。有文献显示，20世纪中叶，许多大麦商业品种在美国大面积种植，这是大麦产业和啤酒工业发展的高峰时期。当代啤酒酿造师和啤酒爱好者能指出"卡斯卡特"（Cascade）、"自由"（Liberty）、"勇士"（Warrior）和"冰川"（Glacier）等酒花的味道，但是与之齐名的大麦品种呢？事实上，一些大麦品种名称暗含品种来源，比如说"密苏里早熟无芒"（Missouri Early Beardless）、"密歇根冬麦"（Michigan Winter）、"俄亥俄1号"（Ohio 1）、"西伯利亚"（Siberian）、"新墨西哥"（New Mexico）、"代顿"（Dayton）、"得克萨斯"（Texan）、"科尔多瓦"（Cordova）、"尼泊尔"（Nepal）、"索达春麦"（Soda Springs Smyrna）。另一些品种名称很有趣但是所指并不明显，比如"维翁17号"（Velvon 17）、"乌卡斯"（Wocus）、"特丽格"（Tregal）、"迪克图"（Dicktoo）和"沃格"（Wong）。富有冒险和创新精神的酿酒师难道不愿意尝试使用新品种酿造啤酒吗？比如"奥利"（Olli）、"阿尔卑斯"（Alpine）、"桑莱斯"（Sunrise）、"温特克拉布"（Winter Club）或者"哈兰"（Harlan）。

20世纪60年代，人们开始种植啤酒大麦。在这之前，受制于那个时代有限的品种资源，大麦都是啤饲兼用的。科研的进步推动了大麦产业发展，工厂化的啤酒生产偏好二棱大麦，从而改变了大麦的种植模式。尽管20世纪60年代之后选育了许多六棱大麦品种，包括"威斯康星38号"（Wisconsin 38）、"拉卡"（Larker）、"摩力克斯"（Morex）、"罗伯斯特"（Robust）、"莱西"（Lacy）和"传承"（Tradition）。但是与此同时，由于二棱大麦籽粒均匀，适合啤酒生产，更加受到啤酒酿造者的青睐，因此二棱大麦品种在美国西部地区得以大面积推广。由于抗病高产品种的出现，先前一些重要的大麦品种〔比如"汉兴"（Hannchen）、"菲尔贝克"（Firlbeck）、"彼罗琳"（Piroline）、"贝特兹斯"（Betzes）和"克拉格斯"（Klages）〕，在这一时期逐渐退出市场。

　　1972年，大麦品种"克拉格斯"（Klages）商业种植之前，北美种植的所有二棱大麦品种都是欧洲育成品种，美国和加拿大当时只关注六棱大麦育种。对于二棱大麦品种"汉纳"（Hanna），依据美国农业部记载，最初的遗传材料是1901年在摩拉维亚和奥地利收集的。该品种是在加利福尼亚州北部种植"汉兴"的大麦田里面，通过自然和定向选择而获得的。"贝特兹斯"（Betzes）由德国选育，1938年经波兰传入美国。摩拉维亚品系（Moravian strain）是第二次世界大战前后由库尔斯酿酒公司从摩拉维亚引入。

9.3　欧美品种

　　本章随后将详细介绍商业化大麦新品种的选育流程，一般包括育种家发现有益性状（比如抗病或者增产），新品种育成，取代老品种。20世纪中叶之前，美国育成的大麦都是啤饲兼用型品种，而当今新品种选育都是针对特定的生产目标。现存部分品种已经沿用好几十年，其余品种是新近选育而成。了解大麦品种非常重要，这关系到麦芽制作、麦芽品质以及最终的啤酒品质。

　　新啤酒大麦品种选育与利用并非都能提高啤酒品质，但是可以有效加深对啤酒酿造工艺的理解和优化。假如酿酒师对大麦品质没有太高要求，麦芽厂就不会考虑投入资金改良相关品质。大麦种植户、麦芽生产商和酿酒师都需要关注大麦品种信息，关注整个大麦供应产业链。老品种被市场淘汰，新品种取而代之，很显然，产业链中每一个人都应该知道和关注新品种的特点，比如说抗病性提高或者耐干旱能力更强。假如生产的啤酒口味相似但是产量更高，显然该新品种将取代老品种并受到市场青睐。

　　美国啤酒大麦产业协会每年公布一批推荐的啤酒大麦品种，以供种植户参考。这些品种已经证实具有优异的农艺性状和制麦特性，且酿造性能能满足啤酒厂要求。英国也有类似的推荐系统，酿酒师可以将优质大麦品种推荐到苏格兰大麦品种数据库中。

9.4　品种选育和审定

　　新品种选育是从育种家开始的。通过人工杂交授粉的方法构建杂交遗传材料，杂交种子的遗传物质来源于两个亲本。这就是一场数字游戏，绝大多数后代材料的表现型可能不及两个亲本材料。育种家会挑选一些特定的表现型指标，比如抗病性更好、耐干旱能力更强、产量更高、抗倒伏更高等。当然，即便杂交亲本分别具有这些优异的表型性状，在后代材料之中也并非就能够找到更好的组合。

　　随后，育种家选择携带优异表现型的后代植株，淘汰不满足预期目标的遗传材料；将优异的种子多代扩繁，并深入检测农艺性状（淘汰有缺陷的材料）。育种家首先关注农艺性状优劣，如果获得田间表现优异的品系，随后将检测其麦芽品质，包括溶解度、糖化力、水敏性等。只有均满足农艺性状和麦芽品质需求的品系，才会继续测定其风味和酿造性能表现。假如某个新品种满足了所有指标，就会进入品种推荐目录，随后被大规模地商业化种植。值得注意的是，从选择亲本杂交到获得认可，通常需要至少10年时间。

　　国家之间推荐品种的评估流程是不同的。在美国，该工作是由美国啤酒大麦产业协会协调，麦芽专家和啤酒酿造专家合作完成。假如获得合适的啤酒大麦品系，麦芽厂和啤酒厂会进行小规模制麦、测试酿造性能及风味。唯有协会认定其满足优质啤酒大麦的各项标准，该新品种才能进入品种推荐目录，用于大规模生产推广。

　　诸如英国、德国、法国、加拿大和澳大利亚等国，也有类似的评价系统来筛选优质啤酒大麦品种，但彼此间又有所不同。在美国，多数大麦育种项目是由公共经费资助，比如由美国农业部提供经费支持，具体工作由大学完成。在欧洲，主要由私人种子公司从事大麦和小麦的育种工作，经费主要来源于这些私人企业。

　　最后，新品种的选育和市场认可都需要时间。通常来说，多数新品种产量更高，抗性更强，或者有其他优异特点，市场上都能接受。品种选育方向也不是一成不变的，不同时代会有所不同。农户希望在产量更高的前提下，品质能够达到啤酒酿造要求。如果啤酒厂选中的品种产量低，他们就需要和农户协商提高这类品种的收购价格。

冬大麦

依据播种时间不同，大麦可以分为冬大麦和春大麦。前者秋天播种，可以越冬存活，后者春天播种。冬性作物，诸如大麦、小麦和小黑麦，需要低温处理才会正常开花，即春化作用。春大麦不需要春化，但部分品种可以适应低温环境，所以也可以冬天或者早春播种。冬大麦产量高，一般产量比春大麦高 20%，农户也更愿意种植。同时，冬大麦需要的水分少，根系可以在严冬时期固定土壤有助于防止根系腐烂。部分地区由于春季土壤过湿，春大麦需要推迟播种，导致种植周期延长。在春秋一年两熟轮作的地区，冬播的早熟作物可以为后一季作物种植创造有利条件。而针对夏天穗部病害高发的问题，早熟品种提前成熟也能够避免病害发生。美国七八月份的雷雨天气也会影响夏季作物生长，强风和过多雨水会带来潜在的穗发芽威胁。

卡雷对大麦品种差异的思考

"我们居住的地球面临经济全球化的机遇和挑战，许多欧洲生产的优质麦芽，其大麦原料也许是产自阿根廷。在德国，大麦品种由私人公司选育，公立研究机构审定。对于育种公司来说，大麦是一个重要的经济作物，大麦育种还是有可观收益的。通常来说，大麦品种间差异很小，蛋白质含量适中，库尔巴哈值 [可溶性蛋白质 / 总蛋白质含量（S/T 值）] 在 42%~43%。由于美国有啤酒大麦产业协会，美国大麦品种审定是民主公平的。你可以找到啤酒糖浆、混合啤酒、全麦芽啤酒等各种产品，而这些产品使用的大麦品种是不同的。因此，只要市场有需要，就可以参与审定，从而使得美国大麦品种的差异较大。"

"比如，早期的大麦品种'克拉格斯'（Klages）的 S/T 值小于 40%。但是，为了提高游离氨基氮的含量，当今大麦品种的 S/T 值接近 50%。为了进一步满足啤酒酿造工艺的要求，大麦品种改良技术逐步发展，当今市场使用的啤酒麦芽之间品质差异非常细微。对大麦品种来说，从'克拉格斯'到'康伦'（Conlon）只有细微的品质提高，但是该进展也非常显著。同时，二棱大麦和六棱大麦的差异在逐步缩小，比如耐旱的二棱大麦与一些六棱大麦在酿造品质上就没有显著差异。"

"尽管当今啤酒大麦品种间的差异并不显著，但是我还是有所偏爱。如果评价差异，我们需要关注其原料产地、年份和麦芽生产厂家等诸多因素。部分啤酒酿造师只是检查麦芽分析报告（Certificate of Analysis），只关注品质是否满足酿造要求，并不关心大麦品种以及来源地。但是，我不认为报告可以完整反映品种的品质。比如，'哈林顿'（Harrington）或'康伦'（Conlon）都是优质啤酒大麦，但是它们生产的啤酒风味却有所不同。"

"我认为欧洲啤酒口味丰富而浓郁，通常带有苦味（可能与酒花浓度有关），酒精度也更高。人们认为这是酶系问题，欧洲麦芽的残糖高、发酵度低，但除了发酵度问题，它具有美国麦芽所不具备的口感饱满、丰富、麦香味浓郁等特点。因此，我认为这与制麦工艺无关，而是品种之间的差异所导致的。"

"尽管对于英式啤酒了解有限，但是人们对'玛丽斯奥特'（Maris Otter）品种的普遍看法我却并不认同。人们认为它价格高是由于其麦芽水分含量低于3%，色度为3.5 Lovibond（但也可能不是这个原因），采用的是淡色爱尔麦芽的制麦工艺。我的观点是：即使大麦原料分别是'欧匹弟克'（Optic）和'玛丽斯奥特'，都采用传统制麦工艺，我依然可以品尝出两者之间的不同。风味不同的最主要原因是品种差异，如果不是，那只能说多数酿酒师太过愚蠢，他们宁愿付高价购买'玛丽斯奥特'，他们完全可以采用相同的传统制麦工艺，但选用最便宜的大麦原料来降低生产成本。所以，我相信口感不同是由于'玛丽斯奥特'与其他大麦品种之间的品质差异导致的。"

9.5　大麦系统选育品种

9.5.1　谢瓦利尔（Chevallier）

谢瓦利尔（Chevallier）是19世纪英国的主栽品种，前面提及了该品种是在英国萨福克地区（Suffolk）选育的。2012年，约翰英纳斯研究中心（John Innes Center）的克里斯·雷多特（Chris Ridout）博士重新评估了"谢瓦利尔"的起源、抗病性，以及制麦特性和酿造性能。"谢瓦利尔"（Chevallier）是英格兰栽培大麦的源种，当今许多品种中依然可以检测到该品种的血缘。有意思的是，当今的酿造师可以使用该品种以及传统酿造工艺生产啤酒，人们可以品尝到19世纪人们所喝的啤酒味道，借此了解英国啤酒酿造的变迁过程。

9.5.2 金色诺言（Golden Promise）

金色诺言（Golden Promise）是1956年从大麦品种"梅索普"（Maythorpe）系统选育而来，1967年进入英国大麦种植推荐目录，20世纪70～80年代广泛用于啤酒酿造与蒸馏酒行业中。该品种是一个半矮秆材料，具有很好的农艺和制麦特性。尽管新的大麦品种不断被选育出来，但在蒸馏行业该品种依然是首选品种。

9.5.3 玛丽斯奥特（Maris Otter）

啤酒酿造师钟爱"玛丽斯奥特"（Maris Otter）有多重原因。多年前该品种曾经大面积种植，但是随着新品种农艺性状更加优异（种植简便、高产），导致其种植面积剧减。2002年，一个名叫罗宾·阿沛尔（Robin Appell）的种子贸易集团（也是沃敏斯特啤酒公司的母公司）购买了玛丽斯奥特（Maris Otter）的品种权。从那以后，这一老牌大麦品种种植面积持续增加，并专门用于酿造传统的英国木桶啤酒。除了具有浓郁的啤酒风味，酿酒师发现其过滤速度快。但是由于该品种相对于新品种产量低，农民要求的收购价高，导致最终酿造成本增加。

9.6 现代北美地区二棱大麦品种

9.6.1 麦特卡夫（AC Metcalfe）

麦特卡夫（Metcalfe）于1986年由加拿大曼尼托巴农业站选育，1997年在加拿大商业化推广，2005年进入美国市场。"麦特卡夫"（Metcalfe）适合在加拿大和美国西部地区种植，其产量比"哈林顿"（Harrington）高10%，其他农艺性状优异，抗病性更强。

9.6.2 梅雷迪斯（CDC Meredith）

梅雷迪斯（Meredith）是加拿大二棱大麦品种，由萨斯喀彻温大学作物改良中心于2008年选育。这是一个产量、抗病性和酶活性等综合农艺性状优异的品种，适合高辅料啤酒酿造，比如美式淡爽拉格。

9.6.3　查尔斯（Charles）

查尔斯（Charles）是美国农业部和爱达荷州农业试验站共同选育的冬大麦品种，2005年进行商业推广。该品种在美国西部种植情况很好，但是易受冬季冷害胁迫，幼苗存活率低。该品种产量、农艺性状和水分利用效率都非常优越，但是仍然需要进一步改良以适应寒冷湿润的冬季气候。每年贝尔斯啤酒集团都尝试在密歇根州中部地区种植，但是冬季幼苗死亡率依然很高。该品种不适应美国北部气候，但是在其他地区表现良好。

图9.1为布希农业资源麦芽厂厂房。

图9.1　坐落于爱达荷州福尔斯庞大而整洁的布希农业资源麦芽厂（每年的麦芽产量达到310000t）

9.6.4　康伦（Conlon）

康伦（Conlon）由北达科他州农业推广服务中心于1988年选育，2000年入选美国啤酒大麦产业协会品种推荐目录，适合在北达科他州西部和蒙大拿州种植。该品种是北美优质啤酒大麦，农艺性状和酿造品质俱佳，糖化力和游离氨基氮含量高，适合高辅料啤酒酿造工艺。

9.6.5　康拉德（Conrad）

康拉德（Conrad）是布希农业资源中心于2005年商业认可的啤酒大麦品种，来源于科罗拉多州科林斯堡（Fort Collins），最初在爱达荷州福尔斯（Falls）试种植。它适应美国西部的灌溉条件。该品种是一个超高产品种。

麦
芽

9.6.6　埃克斯帕蒂辛（Expedition）

埃克斯帕蒂辛（Expedition）是新近育成的二棱大麦品种，2013年进入美国啤酒大麦产业协会推荐种植目录。该品种产量优异，适合用于酿造全麦低蛋白啤酒。

9.6.7　品托（Full Pint）

品托（Full Pint）是由俄勒冈州的帕特·海耶斯（Pat Hayes）选育的新品种，二棱、半矮秆、抗病性优异，适合在太平洋沿海的美国西北地区种植，用于精酿啤酒市场。啤酒酿造师对该品种感兴趣是由于其具优异的风味和稳定的酿造性能，适合全麦芽酿造工艺使用。最初，品托并没有成功入选美国啤酒大麦产业协会的推荐品种目录。因为与其他品种相比，该品种农艺性状没有明显优势，后来由于一些小啤酒厂推荐才得以入选。奥斯卡蓝调酿酒厂（Oskar Blues）的迪姆·马修斯（Tim Mathews）曾使用该品种酿造啤酒，该品种一直为他所钟爱。该品种在美国内华达山脉一带部分使用。品托（Full Pint）被采用于多种啤酒酿造，尽管该品种蛋白质含量相对较高，但是其生产的麦芽香味浓郁，从而赋予了啤酒良好品质。

9.6.8　哈林顿（Harrington）

哈林顿（Harrington）是"克拉格斯"（Klages）和"贝特兹斯"（Betzes）的杂交品系，1972年由萨斯喀彻温大学选育。1981年在加拿大开始大面积商业化种植，1989年进入美国啤酒大麦产业协会推荐品种目录。目前该品种依然作为啤酒大麦种植，但是由于受到新的高产大麦挤压，其种植面积已经大幅缩减。尽管如此，其依然是优质啤酒大麦的标杆。从哈林顿（Harrington）的选育和种植情况不难看出，育种家的辛勤劳动的确改良了啤酒大麦的农艺性状和酿造品质。尽管短时期内很难辨别高产、高抗大麦和优质啤酒大麦品种之间的微小改变，但是长期来说是容易看出来的。

9.6.9　摩拉维亚 37 号和 69 号（Moravian 37&69）

摩拉维亚37号和摩拉维亚69号（Moravian 37&39）都是由库尔斯育种项目资助选育而成的，2000年入选美国啤酒大麦产业协会推荐品种目录。其种植模式是啤酒公司和农户签订种植合同，在美国西部山区种植。正如其名，摩拉维亚

（Moravian）来源于欧洲，通过进一步选育得以适应美国气候环境。库尔斯育种项目的初衷就是选育优质啤酒大麦品种，以适应在科罗拉多附近各州种植。

9.6.10　摩力克斯（Morex）

摩力克斯（"more extract"的简写，意思是高浸出率）是明尼苏达州农业试验站于1978年选育的六棱大麦品种。如同拉卡（Larker）（在摩力克斯之前种植的品种）和罗伯斯特（Robust）（之后种植的品种），摩力克斯（Morex）多年来一直是主栽啤酒大麦品种。从农艺性状来说，摩力克斯（Morex）和其同一族系的品种都比不上新育成的六棱大麦品种莱西（Lacy，2000）和埃克斯帕蒂辛（Tradition，2004），因此目前已经不再用于商业化种植。

9.6.11　平纳克尔（Pinnacle）

平纳克尔（Pinnacle）是由北达科他州立大学和美国农业部农业研究服务中心共同选育的，于2007年获得商业认可。该品种颗粒大，且具有高产潜力。同时期获得认可的其他品种蛋白质含量较高，平纳克尔（Pinnacle）蛋白质含量低，可以满足需要低蛋白质含量的客户需求。

9.6.12　通用良种（Thoroughbred）

通用良种（Thoroughbred）是六棱冬大麦品种，由弗吉尼亚州农业实验站于2012年选育，主要种植于大西洋沿岸美国中部各州的泰德沃特地区。该品种是弗吉尼亚州铜狐（Popper Fox）酿酒厂的优选品种，该区域的啤酒厂商对其多项酿造品质指标都赞赏有加。

9.7　欧洲啤酒大麦品种

在英国和欧洲大陆，啤酒大麦的生长条件和经营模式与美国、加拿大不同。相对于北美地区，欧洲地区主要酿造全麦芽啤酒，因此麦芽厂和啤酒厂需要低蛋白质含量和低酶活力品种。

由于欧洲和北美环境气候不同，长久以来欧洲地区的啤酒大麦品种在北美农艺性状表现不佳。欧洲啤酒厂采用的大麦品种需要低游离氨基氮和高浸出率，但是美国啤酒厂更加注重经济效益。欧洲啤酒大麦育种主要是由私人公司完成，新品种的市场占有率取决于品种的农艺品质。部分欧洲啤酒厂担忧，过分注重啤酒大麦农艺性状会导致酿造品质下降，引起啤酒口感不佳。因而，部分欧洲啤酒厂宁愿支付额外的费用，鼓励农户种植产量低但是啤酒口味上佳的古老品种。

在英国，大麦种植和麦芽生产不只关系到啤酒酿造，同时也关系到世界闻名的苏格兰威士忌。酿造威士忌对原料的要求和啤酒不同，追求的口感和风味也不相同。英国、斯堪的纳维亚、德国和法国之间种植的大麦品种交叉非常明显，新大麦品种往往能在整个欧洲地区种植。目前在英国种植面积最大的是2008年利马格兰集团（Limagrain）选育的"康斯图"（Concerto）。"提普里"（Tipple）和"坤齐"（Quench）由先正达集团（Syngenta）分别于2004年和2006年选育，2009年又从它们的杂交后代中选育了另一个新品种"普诺匹诺"（Propino），并在英格兰和苏格兰大面积种植。"欧匹弟克"是1995年由先正达集团选育的一个比较古老的大麦品种，在英国的市场占有率曾经达到75%，目前依然在苏格兰阿伯丁希娜·库普曼（Sheena Kopman）的家庭农场种植。圣路易斯啤酒厂的丹·库普曼（Dan Kopman）每年都会到她的家族农场购买大麦。

历史悠久的啤酒大麦品种更容易被市场接受，注重传统的德国啤酒就常常以此为原料，其中包括阿克曼·扎特祖赫特（Ackermann Saatzucht）于1989年选育的"施特菲"（Steffi），约瑟夫·布雷姆（Josef Breum）于1995年选育的"斯卡莱特"（Scarlet）和1996年选育的"巴克尔"（Barker）。由于德国啤酒注重风味口感，这些品种在德国的种植面积依然较大。在美国出生的埃里克·托夫特现在是德国巴伐利亚州东南部朗德布让艾·舒恩汉姆（Landbrauerei Schönramg）啤酒厂的酿酒师，他坚持使用"施特菲"（Steffi）酿造啤酒。如他所言，尽管他们生产的啤酒价格高，市场占有率仅有1%，但是他们酿造的啤酒风味和啤酒泡沫俱佳。当今，德国选育了多种优质啤酒大麦品种，比如"格雷斯"（Grace，2008），"玛尔特"（Marthe，2005），"普诺匹诺"（Propino，2009）和"坤齐"（Quench，2006）。2007年，由德国科沃斯育种集团（KWS Lochow）选育的冬大麦品种"温特玛特"（Wintmalt）在欧洲农艺性状表现优异，目前也正在美国开展田间种植试验。

对啤酒酿造师来说，了解啤酒大麦品种将有助于理解制麦特性和酿造性能。绝大多数的酿酒师都会关注酒花的品种，奇怪的是，多数人关心麦芽原料是否为二棱大麦，却很少有人关注具体的品种信息。由于大麦品质对最终啤酒品质影响巨大，因此，大麦和由此生产的麦芽理应和酒花一样受到重视，至少在某些特定啤酒酿造过程中应该是这样的。

选择何种大麦品种取决于酿造的啤酒种类，不同品种会影响麦芽制作流程和啤酒酿造品质。大麦品种是决定啤酒风味的主要因素吗？有人支持这一观点，也有人持反对意见。但是，大麦品种对制麦的影响是显著的，也是不容质疑的，这些都会最终影响啤酒品质。尽管育种家倾注了大量心血改良啤酒大麦的酿造品质，但是最终常常只获得品种间细微的差异。尽管如此，明智的酿造师还是会仔细分析彼此差异，最终选择一个最合适的大麦品种用于啤酒酿造。

正如卡雷所言，"了解啤酒大麦品种有助于预测啤酒品质，我希望现代化啤酒酿造将来会更加关注大麦原料品质。"

参考文献

[1] Paul Schwarz, Personal Conversation with Author, 2014.

[2] E. S. Beaven, *Barley, Fifty Years of Observation and Experiment*, Foreword by Viscount Bledisloe, (London: Duckworth, 1947) 90.

[3] Walter John Sykes and Arthur L. LING, *The Principles and Practice of Brewing* (*Third Edition*) (London: Charles Griffin & Co., 1907), 421.

[4] Paul Schwarz, Scott Heisel & Richard Horsley, "History of Malting Barley in the United States, 1600 – Present", *MBAA Technical Quarterly*, vol. 49, no.3. (St. Paul, MN: MBAA, 2012) 106.

[5] Martyn Cornell, "Revival of ancient barley variety thrills fans of old beer styles." *Zythophile* (blog), April 15, 2013, http://zythophile.wordpress.com/tag/chevallier–barley/.

[6] Brian Forster, "Mutation Genetics of Salt Tolerance in Barley:An Assessment of Golden Promise and Other Semi–dwarf Mutants", Euphytica, 08–2001, Volume 120, Issue 3, (Dordrecht, Netherlands: Kluwer, 2001) 317–328.

麦
芽

10

第 10 章
麦芽品质与分析

"我从劣质麦芽上学到的知识要比优质麦芽多得多。"

——安迪·法瑞尔（Andy Farrel），贝尔斯酒厂

好麦芽酿好酒，尽管麦芽特性的种种细节在酿酒过程中可能并不会显现，经验丰富的酿酒师往往会建议新手好好研究麦芽分析报告。本章会进一步探讨麦芽分析和特性，并分享麦芽分析能给酿酒带来的种种现实意义。

10.1　麦芽分析

酿造工艺和啤酒风格分类的多样性意味着酿酒师对麦芽分析中不同参数的侧重（需求）点也各持己见。虽然从麦芽分析报告（COA，见图10.1）中可以查到一些重要的信息，但上面提供的信息不一定对所有酿酒师都有用。家酿爱好者可能只关心麦芽的色度，而大型工业酒厂酿酒师很可能更关注浸出率。一般来讲COA有两个目的：记录麦芽厂的生产情况以及预测酿

149

酒厂的最终生产情况。

酿酒师对麦芽的需求因每个人的经验、酿造规模和目的而不同。有的家酿爱好者可能只想学习和理解基础的东西。也有酿酒师需要确定具体麦芽用量以达到期望的色度或风味。产量低于10000桶的专业酿酒师会通过过滤表现和整体稳定性来判断麦芽质量。地区性的工坊啤酒厂则更关心麦芽对发酵稳定性的贡献，以酿出品质稳定的啤酒。大规模工业啤酒厂也有各自的关注点和要求；用来降解辅料的酶量、FAN（游离氨基氮）、浸出率是他们最需要了解的。风味对于所有人都很重要，但对于不同的酿酒师、酒厂及啤酒风格，"风味"都有不同的理解方式和含义。

TMC

The Malt Company - Townville, WI 55555
(555) 555-1234

Certificate of Analysis

Customer	Shipping Date	Tracking Number	Product
Your Brewery	2014-03-11	TR9370	2-Row Brewer's Malt

Bushel Weight	Shipment Weight		Lot Number
42.75	21,068		109072

Crop Year	Variety	Percent
14	Copeland	40%
14	Metcalfe	40%
13	Harrington	20%

Fine Grind Extract, As Is:	78.8	Diastatic Power:	156
Find Grind Extract, Dry Basis:	82.0	Alpha Amylase:	64.2
Fine/Coarse Difference:	1.3	Total Protein:	11.1
Coarse Grind Extract, As Is:	77.50	Soluble Protein:	5.33
Moisture:	3.90	S/T Ratio:	48.0
Color:	1.60	Beta Glucan:	58
		Viscosity:	1.43
Assortment, 7/64:	65.10	FAN:	219
Assortment, 6/64:	26.70	Turbidity:	6
Assortment, 5/64:	6.20		
Assortment, Thru:	2.00	Mealy:	100.00
		Half:	0.00
Friability:	85.5	Glassy:	0.00

麦芽

图10.1　基础二棱麦芽分析报告（COA）模板

大多数资深酿酒师在每批麦芽进货时都要求厂家提供COA，以便根据情况调整工艺。对于他们来说，针对不同种类的麦芽，要了解哪些参数也是很重要的；举例来说，焦糖麦芽没有糖化力，因此无需检测该项指标。

COA中提供的信息乍一看可能会觉得太多。其中的很多数据并没有清晰定义，这些数据对于啤酒生产和品控的意义也无法解释清楚。有时，不同数据之间的关系要比单一数据更重要，因为每个大麦品种在制麦时会有不同表现，对某一品种来说过高的数据可能在另一品种上刚好合适。虽然COA能提供某种麦芽的特定性质，但同种麦芽随时间的微小变化只有通过不同生产批次的分析结果对比才能知晓。COA中的分析结果使得该表看上去更加复杂。虽然每个实验室结果都可以力求精确，但实验室间的准确性不能完全保证（图10.2），即同种麦芽的两张COA可能不完全一致（将同一样品分成两份让不同实验室进行分析，可以直接证明该观点）。

COA中的某些数据（比如麦芽均一性）是针对麦芽的物理属性的。其他数据（比如色度）是针对标准化的"EBC协定糖化法"醪液，由麦汁测定的。EBC协定糖化法最初在1907年提出，将精细研磨的麦芽通过糖化制成稀溶液。糖化后，麦汁用来进行酿造数据分析，例如浸出率、糖化时间、pH、过滤时间。

由于EBC协定糖化法的糖化条件同实际酿造的条件存在明显差异，有些酿酒师认为应当有更好的测试分析方法来预测实际的糖化性能。

为了弥补超过100年的古老糖化方法的不足，现在已经开发出一些新技术以便能获得更有用的数据，例如酶含量和酶促反应动力学指标。尽管有

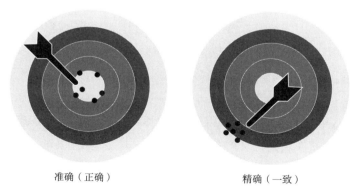

准确（正确）　　　　　　　精确（一致）

图10.2　虽然准确和精确常做近义词互换使用，它们之间还是有区别的（准确是指测量值接近真实值，精确是指重复测量的结果一致性好）

各种不足，EBC协定糖化法还是比较完善并且广为人知，在世界范围普遍应用的。

乔·赫特里奇（Joe Hertrich）先生在他43年的职业生涯中（包括成为安海斯–布希公司酿造原料部主任的经历）看过无数分析报告，他觉得COA中的各项数据可以分为五个基本类型，这些"数据包"（Hertrich这样称呼它们）分别为：碳水化合物降解相关数据，蛋白质降解相关数据，碳水化合物水解酶数据，碳水化合物浸出物数据，以及色度/风味数据。

10.1.1　碳水化合物降解

碳水化合物的降解是指大麦中的碳水化合物被分解的程度。此类数据包括β–葡聚糖含量、脆度、黏度、粗细粉差。β–葡聚糖是由长链糖组成的胶质，不能被淀粉酶分解。葡聚糖含量高会导致麦汁和啤酒过滤困难。高含量的胶质同样会增加麦汁黏度。脆度是指受到挤压的时候麦芽破碎的难易程度（高溶解度的麦芽极易破碎）。粗细粉差通过对比精细粉碎（粉末状）和粗粉碎的麦芽（经过协定糖化）糖化的麦汁浸出率得到。因为溶解度不足的麦芽浸出率不高，其粗细粉差要比溶解度良好的麦芽高。

10.1.2　蛋白质降解

蛋白质降解相关数据包括可溶性蛋白质/总蛋白质比（S/T）、游离氨基氮（FAN）和pH。当大麦制成麦芽，谷物中的蛋白质分解成更小的分子，这些分子很容易溶于麦汁，麦芽整体溶解程度可以由可溶蛋白质和总蛋白质的比值来体现。该比值（也被称为库尔巴哈值，Kolbach Index）在不同大麦品种间差别很大。S/T比值本身也可能相差甚远，比利时酿酒师在酿造淡色烈性啤酒时希望麦芽的S/T低至38%；当想酿造一款清淡美式拉格啤酒时酿酒师则希望S/T是46%或更高。后者使用的大麦是高原沙漠品种；颗粒饱满色泽明亮，蛋白质含量低。这种大麦需要高溶解才能得到足够的酶以用于酿造上述风格的啤酒。

总之，S/T值越高，麦芽溶解程度也就越高。不同品种大麦所制成的高溶解麦芽的S/T值各不相同，因此不能只看S/T值一项数据。

FAN是评估氨基酸的相关数据，氨基酸是蛋白质的最小组成单位。虽然酵母的健康生长和发酵需要充足的FAN，但过量的FAN也会对啤酒的质量造成负面影响。由于酿酒辅料中不含FAN，高辅料比例的麦汁需要从麦芽中得到所有所需FAN。反之，全麦芽麦汁一般能够提供足够的酿造所需FAN。谷物pH在发芽过程中会下降，也可用于判断溶解程度。根据乔·赫特里奇先生在2007年工坊啤酒酿酒师大会上题为"从酿酒师的角度制麦"的讲话，淡色麦芽的pH应在5.92~5.99，超过或低于这个区间表示麦芽溶解不足或过度溶解。

麦芽双城记

欧洲以全麦芽酿造为目的的麦芽分析数据同北美以添加辅料酿造为目的的数据项目有很大不同。

如果欧洲麦芽由低蛋白质含量（8.5%）、完全溶解时库尔巴哈值为38%的大麦品种制成，而北美麦芽的相应数值应该是13%和50%。

如果欧美两种麦芽糖化成同样浓度的麦汁，欧洲麦芽会释放出3.23%的蛋白质（8.5%中的38%），而北美麦芽会释放出6.5%。看上去差别很大，但当北美麦芽用50%辅料（无FAN）酿造时的啤酒时，就会被平均到3.25%（6.5%中的50%）。

最终两种麦汁中的FAN值大致相同，两个产地的麦芽都分别做两种麦汁都是没问题的。

我个人认为大麦的品种决定了总蛋白质含量和完全溶解时的库尔巴哈值，品种的重要性不可忽视。

10.1.3　碳水化合物水解酶

COA上的碳水化合物水解酶相关数据包括两个：α-淀粉酶（AA）和糖化力（DP）。AA是指α-淀粉酶的含量，而DP（以林特纳度数或°L表示）既包括了α-淀粉酶也包括了β-淀粉酶含量。虽然高含量的淀粉酶表示溶解程度更高，但数值偏低也可能是因为焙烤时高温导致酶的变性。有些六棱麦芽的DP约为180° L，但有效糖化仅需约40° L（即标准英式淡色爱尔麦芽的数值）。高DP的麦芽有时会被认为"更活跃"，当用于全麦芽糖化时会难以控制。在欧洲，糖化力以"Windisch–Kolbach"单位表示，$1WK =（°L \times 3.5）-16$。

10.1.4　碳水化合物的浸出

细粉无水浸出率（FGDB）、粗粉浸出率（CGAI）、含水量、总蛋白质含量以及均一性数据都和碳水化合物的浸出相关。如果将其分成可溶性糖类（浸出物）、不溶性多糖物质（例如麦壳和麦糟）、水、蛋白质，则浸出物占比（产生啤酒的风味和酒精度）会随着其余组分增加而减少。由于CGAI将麦芽含水量计算在内，它基本可以代表实际酿造的浸出物产量。无水浸出率将含水量剔除，一般被酿酒师用于对比不同批次糖化的潜力。麦芽的含水量适宜很重要，因为含水量过低可能导致麦芽在酿造时易碎，而高含水量麦芽则不易贮存。含水量还具有经济意义，因为水的质量也会算入麦芽总质量中，以麦芽的价格一并售出。

10.1.5　色度 / 风味

美拉德反应会同时改变麦芽的风味和色度，因此在某种程度上，但不是所有情况下，更深的颜色往往意味着更重的"麦芽"风味。由于品尝啤酒是件很主观的事情，COA中的风味描述并不是很有用；一般都是笼统地称之为"麦芽香"。麦芽的色度通过标准参考方法单位（SRM）或欧洲酿造协会单位（EBC）来表示。SRM基于罗维朋（Lovibond）色卡，通过欧洲啤酒协会糖化分析得到，这种光谱测量法不测色调，仅通过475nm波长的光线透射检测吸光度测得。

10.2　其余重要数据

除了分析数据，COA中有时会给出其他值得关注的数据。这些数据不是每份COA都会列出来，但对于机灵的酿酒师会很有帮助。

10.2.1　分级

分级是指制备麦芽的大麦的生物均一性。因为制麦和粉碎是批量进行的，如果麦粒大小均一性差，这两个工艺流程都不能达到最好效果。颗粒尺寸测量通过一系列目数渐小的振动筛来检测（COA中的筛网尺寸一般美国以1/64英寸、欧洲以毫米为单位）。大而饱满的麦粒留在最顶端的筛，瘦小的麦粒依次落入下层筛内。大颗粒种子通常胚乳也大，也更有利于酿酒。

10.2.2　蒲式耳重量（不同于蒲式耳重量单位——大麦 48 磅，麦芽 34 磅）

蒲式耳重量体现了体积密度：单位体积的质量（1蒲式耳等于1.244立方英尺，或大约9.3美式加仑）。蒲式耳重量越高越好。

10.2.3 哈同值

一般只有欧洲检测哈同值。该指标对比五个不同温度下的浸出率。该数据反映了麦芽溶解程度、出糖率、酶活力和氨基酸含量。其数值范围一般在35~39。

10.2.4 脱氧雪腐镰刀菌烯醇（DON）

脱氧雪腐镰刀菌烯醇是某种镰刀霉所产生的霉菌毒素（参见第6章）。它可造成啤酒喷涌，并且是FDA限量物质。因其对消化道的损害而更多地被称为"呕吐毒素"。

10.2.5 亚硝胺类（NDMA）

麦芽在明火直接加热下会产生致癌物质亚硝胺（见第2章）。高质量麦芽中不应含有此物质。

10.2.6 叶芽长度

COA中偶尔会给出叶芽生长或长度数据，描述了叶芽生长程度。这是最古老的判断麦芽溶解程度的方法之一，简单直观。总体上来说，溶解程度随叶芽生长而增加，完全溶解的麦芽叶芽长度至少达到麦粒长度的3/4。

10.2.7 粉状粒／半粉状粒／玻璃质粒

粉状粒/半粉状粒/玻璃质粒在COA中主要用于描述结晶麦芽相关特征。将麦芽种子切开来观测内部结构状态，结晶麦芽是由于淀粉在降解成糖之后立即烘干造成的，因此基础麦芽内部结构都是粉状，结晶麦芽则为结晶玻璃质状。两种结构都有的麦芽则被称为"半粉状粒"。

10.2.8 破损粒

出现破损粒和杂谷是大麦清选不佳的表现，质控员会尽其所能避免和改善这些状况。

大麦品种和麦季往往不会记录在COA上。很多酿酒师认为这些信息也很重要，应当包含进去，他们正在努力完善未来的COA报告。COA上的信息应当由制麦者和酿酒师共同决定，但很多酿酒师却并不知道去索取此类信息。

10.3 酿酒师应当知道的麦芽知识

"比起不断增加的分析项目，也许我们应当减少一些，寻找有用信息而不是只看数据。如果一个酿酒师是将麦芽分析作为辅助手段而不是一种约束来判断麦芽质量，才是最正确的做法。"

——比尔·辛普森（Bill Simpson）

熟练解读COA需要勤学苦练，通过找出各分析数据之间的关系可以了解麦芽在酿酒中如何表现。酿酒师要想知道哪种麦芽最适合某类型啤酒，靠的不是一份检验报告，更多的是需要同制麦师进行更深层次的交流。

数据分析的最大缺陷之一是简单平均，有个关于脚踩冰桶头顶火炉的古老格言很恰当地描述了这个缺点；从"平均值"来说，这个可怜的家伙正处在舒适的室温。大多数制麦者通过工艺来混合不同的麦芽以达到期望的平均分析数值。因此尽管COA上的数据看上去正确，这种操作生产的麦芽在数据上看似没问题，但酿造性能却截然不同。

来自新格拉鲁斯酒厂的丹·卡雷并不会完全依赖COA上面的数据，因为某些试验数据的偏差仅仅意味着数据的精度没能满足某些酿酒师的要求。不过，他特别提醒不要太依赖 β-葡聚糖的数据。卡雷在同一位知名制麦老师傅的聊天中得知，从制麦者的角度这个数值精确度还不够，也无法为酿酒师提供 β-葡聚糖的分子质量大小（对于写配方很重要）。他说道，COA用来作为某种大麦品种的参照还是有用的，尽管各实验室检测可能存在偏差，但还是可以拿来参考。"当我看到麦特卡夫麦芽的 β-葡聚糖值为70mg/L时，我知道过滤和浸出率都不会差。当这个数值是130mg/L的时候，我就知道浸出率会差一些，可能需要进一步洗糟。"

卡雷还发现制麦师对麦芽参数的理解各不相同，例如，某个麦芽的2.2° L色度可能在另一个制麦师眼里是1.8° L。"如果需要稳定性好的麦芽，可从信誉良好的麦芽厂采购，并且指明品种。不要一味盯着COA上的数据。"卡雷建议道，"如果你让我评价一个批次的麦芽质量，我会告诉你自己先酿三锅就知道了。"

制麦师对麦芽分析和规格的看法同酿酒师截然不同。对于他们来说，S/T比值和 β-葡聚糖数值直接影响到麦芽的质量，许多制麦师依靠这两个数据来

麦
芽

进行浸麦和发芽工艺控制。他们还会特别关注脆度和糖化力，因为蛋白质的充分降解和酶的产生意味着他们可以生产出符合预期的酿酒麦芽。

对于布瑞斯麦芽公司的戴夫·库斯科（Dave Kuske）来说，COA中最重要的信息如下（按照重要程度从高到低）：分级、色度、粗粉浸出率、蒲式耳重量、脆度、玻璃质粒/粉状粒、黏度、糖化力、α-淀粉酶、水分、浊度、β-葡聚糖、库尔巴哈值、游离氨基氮、粗细粉差。

麦芽分析报告——酿酒师必读

尽管有着种种不足，COA 还是包含了对酿酒师很有价值的信息，尤其是对比同品种大麦、同一个麦季、同一家供应商的麦芽时。在接下来的例子里，用词"更高"或"更低"都针对同品种 / 同麦季 / 同供应商的麦芽而言。

蛋白质溶解不足：这种麦芽的 S/T 值会低于正常值，会导致酿酒时过滤缓慢、困难，浸出率差，麦汁浑浊但无味，啤酒发酵度不可控，物理稳定性差，过滤困难。

碳水化合物溶解不足：粗细粉差大往往意味着碳水化合物溶解不足。由于碳水化合物溶解和蛋白质的溶解高度相关，碳水化合物溶解程度低常伴随着蛋白质溶解程度也低，都会产生硬质胚乳（十分坚硬的、未降解的种子末端），也是 β - 葡聚糖的来源。这种致密结构使得麦芽粉碎变得困难，同时其中的糖类也很难被浸出。

蛋白质溶解过度：制麦芽时糖类的过度消耗（同时损失可浸出物）会导致过度溶解。S/T 值高往往代表蛋白质溶解程度高，会导致对啤酒泡沫有利的蛋白质过度分解，同时对酒体醇厚性有负面影响。在过度溶解的麦芽中胚乳细胞结构和小淀粉颗粒都会被完全分解。

对于大多数酿酒师而言，低 S/T 值要比高的更麻烦。尽管低 FAN 值对于全麦芽酿造不是很严重的问题，但麦汁可能出现诸如酵母营养不足、发酵困难等问题，对于添加辅料的酿造工艺可能会导致硫化物的增加。

结论

不同大麦品种或相同品种但不同麦季的大麦制成的麦芽有很大区别，认识到这一点很重要。每个批次的麦芽在酿酒过程中都可能会有不同表现。这些变化在制麦和酿酒时都会造成质量问题，因此制麦者和酿酒师要充分交流以弥补这些变化造成的问题。

种植者、制麦者、酿酒师都要依赖农产品，这些农产品随每年气候变化都有一定的差异。自然气候原因导致的产品差距只能通过充分了解每个环节上的关键参数来努力克服，并且需要通过多方合作才能生产出满足需求的合格产品。

酿酒师同制麦者建立良好的关系并经常保持沟通很重要。共性的问题要及时提出，以便于制麦者改进产品质量。记录下酿造出最佳啤酒所用的麦芽也很重要，以便为将来选择合适的麦芽来确保酿造稳定性和重现性提供参考。

充分的沟通能建立信任，制麦者才能竭尽所能生产合适的麦芽。沟通中最重要的是（双方）提出问题并能接受。通常人们会觉得如果酿酒师过于追究每个细节，制麦者往往会失去积极性。酿酒师应该放手让制麦者做好自己的工作，但要对酿酒用的麦芽保持一丝清醒。

麦芽的规格在合同上是有必要写清楚的，平衡点在于列出关键参数，而不是对制麦者做过多的要求。举个例子，即使是在干燥年份，采收的大麦蛋白质含量偏高，制麦者也应该能想办法满足最高可溶性蛋白质含量的要求。但是高蛋白质含量往往伴随着高含量的 β-葡聚糖，可能这并不是酿酒师想要的结果。由于蛋白质含量也影响色度（含量越高颜色越深），会导致麦芽可能满足某个酿酒师的要求，但是对其他酿酒师则完全不适合。

有很多出版文章尝试找出对酿酒师和制麦者都适合的麦芽数据。总体上来说，酿酒师和制麦者都认为协同合作和沟通是必要的。Cara Technology的比尔·辛普森（Bill Simpson）博士在2011年澳大利亚堪培拉发表的一篇文章中说道："问题的根本是多样性。除非是极端情况下，麦芽的多样性问题本身并不难处理。造成更多问题的原因是制麦者或酿酒师将不同麦芽混合到一个批次产品里，然后期望'达到标准'。从表面上看这么做貌似合理，但实际上会产生更多问题。其实制麦者和酿酒师之间更需要相互了解和信任。果敢的制麦者能说服酿酒师接受不合规格的麦芽，但仍然能酿出符合要求的'独特'啤酒。已经有企业在践行这种合作理念了，但仍然任重道远。"

作者注：本章在通篇讨论麦芽检验、使用计划和酿造性能之后，如果我不提及众所周知的"出问题就怪麦芽厂"，好像对不起我酿酒师这个职业。酿酒师们对麦芽有限的了解使得这句话不断被重复，以至于几乎成真。如果你也是"出问题就怪麦芽厂"的忠实拥护者，那我有一些从不会出质量问题的魔法酒花跟你交换……

参考文献

[1] Roland Pahl, "Important Raw Materials Quality Parameters and Their Influence on Beer Production", Presentation at the Bangkok Brewing Conference, (Bangkok, Thailand, 2011).

[2] Paul Schwarz & Paul Sadosky, "New (Research) Methods for Barley Malt Quality Analysis", Presentation at Barley Improvement Conference, (San Diego CA, 2011).

[3] Hertrich, Joe, "Unraveling the Malt Puzzle", Presentation at Winter Conference of MBG/MBAA – District Michigan, 2012.

[4] T. O'Rourke, "Malt specifications & brewing performance", *The Brewer International*, Volume 2, Issue 10, (London: Institute & Guild of Brewing, 2001).

[5] W. J. Simpson, "Good Malt – Good Beer?" Proceedings of the 10th Australian Barley Technical Symposium, (Canberra, Australia, 2001).

[6] Dan Bies& Betsy Roberts. "Understanding a Malt Analysis", *The New Brewer*, (Boulder, CO: Brewers Association, Nov–Dec 2012).

[7] W. J. Simpson, "Good Malt – Good Beer?" Proceedings of the 10th Australian Barley Technical Symposium, (Canberra, Australia, 2001).

11

第11章
麦芽的储运和清理

美国密歇根州下半岛北部地区农闲时的主要经济来源是伐木业和娱乐业。贝莱尔区是壮美的火炬湖和肖特酒厂（Short's Brewery）的所在地。该酒吧轻松而古怪的氛围体现在了座椅的选择上：凯迪拉克的座椅安放在橡树桩上，酒吧凳是由校车座椅改装的。

2005年，乔·肖特收到了一家设备供应商的电话，他们正在拆除一座偏远地区的啤酒厂。他们问乔是否对一些免费的麦芽感兴趣。作为一个年轻的酿酒师，乔上一年生产了多达178桶的啤酒，肖特酒厂是典型的"有劳力，没财力"，乔因此抓住了这个机会。

乔动用了啤酒厂的全体员工作为劳力来分装和搬运麦芽，他们从密闭的散粮系统中把麦芽分装打包进一个个的旧包装袋中。乔·肖特回忆说，有一个人勤奋和整洁的工作表现引起了他的注意。"我喜欢莉亚封袋和码袋的方式。"她对这些免费麦芽的精心照看深深地感动了乔，最终他们由工作关系转变成浪漫的恋爱关系，并最终步入了婚姻的殿堂。又有谁知道在啤酒厂装卸麦芽也可以产生爱情？肖特的麦芽故事只是一个小例

161

子。无论啤酒厂的规模如何，啤酒酿造前都会进行某种形式的麦芽后处理。运输、仓储和清理工作虽然不那么引人注目，但它依然是酿酒过程中非常重要的一环，任何酿酒师都不能忽略它。

11.1　包装

波士顿联邦啤酒厂（Boston's Commonwealth Brewery）在20世纪80年代后期使用英国麦芽。在那时，酿酒厂新员工的一项任务就是从集装箱中卸货。大部分麦芽都被分装在50kg（110磅）的袋子里并层叠地码放在集装箱中。每次卸货都需要在两小时内将50000磅（22.7t）的麦芽归类并转运到啤酒厂的仓库中，以避免运输公司收取超时费用。许多酿酒厂都发现这个强体力劳动足以影响到让人前一天晚上不能喝醉。在那些日子里，糟糕的工作效率招致了他人的嘲讽和全厂范围的怨声载道。尽管如此，大量的麦芽装卸工作仍是一项繁重的体力劳动，酿酒师虽然讨厌和看不起这项工作，但实际上又不得不做。

啤酒厂的产能规模通常决定了麦芽的包装和运输方式。家酿原料供应商同时需提供小批量分装和散装两种形式，而大的啤酒厂则会预订国际航运集装箱来进行运输。虽然麦芽性质相对稳定，但无论采取哪种包装形式，都必须要让麦芽免遭昆虫、潮湿或异味的侵染。

无论是在麦芽厂或外租仓，麦芽都会被分装在不同规格的包装袋中。包装材料要能储存和承载麦芽，很多纸和塑料都曾被用作麦芽的包装材料。数百年前还曾使用过简易编织的粗麻布，可是它不能防潮或防虫。时至今日，这种110磅（50kg）重的笨重袋子已经基本被50磅（25kg）的袋子取代了。无论包装物规格的大或小，都需要采用适当的吊装设备来防止工人受伤，避免出现"酿酒工人背"一类的职业病。据联邦酿酒厂的老员工回忆，那种老式的、侧面塞住的霍夫–史蒂文小桶似乎是有意设计成正常人无法提起的形状，这使得以前的酿酒工人普遍患上了脊椎病。

被称为"超级袋子"的托盘袋可以承受1t（1000kg或2205磅）的麦芽。它们可以装载同类麦芽或混合麦芽，以方便酿酒厂使用。由于尺寸和重量较大，这些袋子必须用叉车、链条葫芦或者其他更专业的设备来装卸。如果一次酿造所需的麦芽不足一整袋，还需要再用到其他计量器具。

对于许多精酿酒厂来说，大量麦芽需转运到现场的散粮仓里。最常见的方法是使用气力输送装置。在这过程中若处理不当可能会对麦芽造成严重损害，所以小心卸货是保证麦芽质量和减少损失的前提条件。

联运集装箱（20世纪50年代发展起来，由卡车、铁路和船组成的供应链运输货物的效率得到了提高）有时用于洲际运输麦芽。常见的尺寸为40英尺或20英尺长，8.5英尺高和8英尺宽。通常会在集装箱内放置食品级衬袋和与门大小一致的隔板。散料麦芽直接放入集装箱中，封箱后装运。可以通过吸料卸货或采用倾斜拖车自卸的方式，让麦芽从隔板门倾倒出来。

底部料斗型散货拖车可以有效承载大批量麦芽，美国的载重上限通常是50000磅（22.7t）。打开顶部装入麦芽后盖上盖子，可在运输过程中保护货物。拖车底部的滑动闸门在到达目的地后可以卸空麦芽。规模更大一些时，火车是运输大麦和麦芽的最常见方式；每节车皮可以载重约18万磅（81.6t）。对于超大规模长距离运输的情况，则可以用驳船或其他大型船只运输散装麦芽。

11.2 验收

无论麦芽是如何运到的——是通过邮寄或者其他更大规模的运输方式——都要好好地进行检查。包装损坏是最常见的，其他与运输相关的因素也可能会对麦芽造成伤害，例如过高的湿度会促进霉菌滋生，进而导致腐败。尽管现在供应链管理有所进步，但订单流程错误、收货错误和运输问题都可能会导致啤酒厂收到的麦芽与所订购的麦芽不同。有经验的啤酒厂经理在麦芽到货时应当首先检查并确认订单和运输文件，而不是先收货。

散装交货通常会有一个运输封条来确认货物没有被替换。正确的卸载方式应该是和运输司机一起现场拆掉封条。配有气力输送装置的卡车假如处理不当的话，会对麦芽造成严重损害（例如使麦芽脱壳）。气力输送装置用于输送各种散装物料，如面粉、糖甚至是塑料颗粒。麦芽与粉状物料相比在输送流量与操作条件上显著不同，一个缺乏麦芽装卸经验的司机很可能会使酿酒厂遭受意外的损失。

在气力输送装置中，气流通过软管连接到啤酒厂的筒仓，软管的另一端与卡车料斗底部的管道相连。在转运粉状物料时为防止管道堵塞，低速运动的物料会被吸入高速运动的气流中。这种"稀相输送"方式会加快产品的输送速度，但脆性物料（如麦芽）可能会因为颗粒间的摩擦或与管道中的凸起或弯头碰撞而受损。细心的酿酒师可能会注意到仓底麦芽中有较高比例的皮壳。这是由于皮壳密度较低，容易分离，物料出仓过程中累积到麦芽的表层所致。即使采用最好的麦汁制备技术，麦皮的浸出率也是低的，且单宁含量高，不适合酿酒。

处理脆性物料更好的方法是"密相输送"，通过低速的气流将较大量的物料进行输送，可以减少对产品本身的破坏。即使是最能言善辩的酿酒师，说服不熟悉麦芽运输的司机去尝试密相输送也是一个艰难的挑战。因为像运输面粉这类产品的经验可能会让他们误以为低速气流会阻塞输送管道。

麦芽验收是检查COA是否有异常的绝佳时机。一名认真的酿酒师应该常常问自己："这个麦芽符合我的预期（并且希望买到的）吗?"COA及其如何解读的重要性在本书的第10章中有专门的介绍。正确的做法是在交货时从散装麦芽中取样。谷物扦样器（图11.1）可以从麦芽货堆的深处扦取物料，以获得整批麦芽中具代表性的样品。

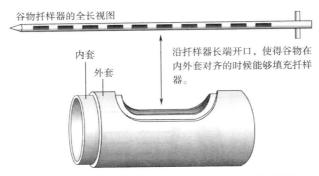

谷物扦样器的全长视图

内套

外套

沿扦样器长端开口，使得谷物在内外套对齐的时候能够填充扦样器。

图11.1　使用谷物扦样器可以采集到更能代表整批货物的样品

散粮作业安全

散粮的操作出现过一些严重的安全问题。每年有很多农业工人因粮床坍塌而死亡，进行系统的培训、监督和配备个人防护装备至关重要。在大规模的粮食储存和处理时，通常会遇到物料流动的问题。认识到并关注看似无害的粮仓中所隐含的危险是很重要的。粮堆深处可能存在空腔，当粮堆坍塌时，流动的谷物可以很快吞噬任何在粮堆上工作的人。同样地，流动到出口的粮食也可以轻易地将人拖入粮食流中。一旦人被吞没，没有他人的帮助很难摆脱下陷的危险。由于这些流动现象甚至会在带底部料斗的运粮车中存在，因此有必要通过禁止进入粮堆来保护工人免受危害。触目惊心的事实凸显了工业化意识和安全意识的必要性：许多密闭空间的意外事故往往是有人试图去救助另一个没有正确穿戴安全防护装备或违章操作的人所导致的。

11.3 仓储

多年前，我在查看一家已关闭的瑞士酿酒厂待出售的酿酒设备时，有机会看到了麦芽仓储设备。奇怪的是，麦芽仓库比酿造车间还大。许多筒仓被安放在墙壁和输送设备之间的空间里。我询问了仓储能力，主人说这是典型的瑞士啤酒厂，有法律规定啤酒厂在建厂时自身须具备储备一年麦芽的能力。该项法律是由经历过二战的瑞士酿酒师针对麦芽供应中断的问题而制定的。根据瑞士的情况，实际上我们可以长期储存麦芽，但其他一系列的问题也随之而来了。

通常，运送到啤酒厂的麦芽水分含量大约为4%，麦芽性质较为稳定。在这样的水分含量下，酶活性处于钝化状态，浸麦、发芽和干燥过程尽可能地降低了微生物和害虫对麦芽的侵害。然而，麦芽在到货后仍然会出现质量问题。啤酒厂的职责是要确保到啤酒厂的麦芽质量不变。因为无论是在温度还是湿度方面，麦芽储存的环境条件差异很大，麦芽从一个合适的储存环境到了另一个环境下可能就不合适了。高温或高湿都会对麦芽产生很大影响。

作为一种谷物，麦芽是许多动物的主要食物来源之一。鸟、老鼠和昆虫都会被麦芽的营养价值所吸引。如果条件允许，它们可以迅速滋生。制定好卫生标准再配合定期清洁可最大限度地降低潜在的风险。储存袋装麦芽应该远离地板和墙壁，以避免害虫侵袭。虽然狡猾的老鼠仍然可以侵入，但如有必要，可以留出空旷的空间来监测它们的活动，同时也有足够的空间用来安放捕鼠笼或采取其他控制措施。密封完好的麦芽袋（来自制造商）一般能避免昆虫接触麦芽，但老鼠很容易咬破这种包装并留下尿液和粪便污染麦芽。毫无疑问，这类异物对啤酒品质没有益处。一旦发现有被污染的物料必须立即销毁。

由于机械设备的复杂性，需要持续关注、维护、清洁和监控散粮操作，粉碎和输送设备，以确保积料或散落的麦芽不会发生虫害。这在温暖潮湿的气候中显得尤为重要。位于北纬45°的筒仓在冬季远没有在潮湿的赤道沼泽地那样适合害虫生长。为防止受到如印度谷螟、杂拟谷盗和蟑螂等害虫的侵害，首先要建立完善的清扫制度；如果潜在的食物来源被最小化，那么昆虫的活动也将被控制在最小的范围内。防虫比治虫更简单，没有什么比食物更能吸引害虫了[1]。良好的啤酒厂规范也包括了应该定期清空和清扫筒仓。如果筒仓不能完全被清空，害虫（及其后代）会从一个地方侵染其他地方。

露天运输导致的粮食散落是吸引鸟类和浪费酒厂财物的常见情形。如果没有制定严格标准来防止和清理漏料，相当于告诉当地的鸟雀，酿酒厂在为它们提供"晚餐"。鸟类随意排泄会污染建筑物和地面，这对酿酒厂的美观和啤酒质量都不利。

在糖化之前，水和麦芽不宜共存。酶将淀粉转化为糖的过程也为霉菌和细菌提供了最好的培养基。控制麦芽储存的湿度对避免微生物大量滋生至关重要。腐烂的谷物会散发出强烈的刺鼻气味，很容易污染啤酒和麦汁。水对大多数麦芽清理设备中的铁构件也是有害的。只要发现麦芽存在多余水分，都应当尽早查清并排除。由于麦芽还可以从恶劣的存储或运输环境中吸收气味，啤酒厂应尽量使麦芽远离任何化学试剂或食物异味。

伴随着油脂的氧化，麦芽也会氧化并散发腐臭味。有的谷物，如燕麦和玉米的脂肪含量比大麦高，也正因为如此，它们更容易老化。因此，除了大麦以外，库存的谷物应该尽可能快地用掉。有些酿酒师认为焦糖麦芽的保质期较短，库存量应比基础麦芽更少，以保持其最佳的风味。

11.4　输送

啤酒厂处理大量麦芽需要用到多种输送系统。啤酒厂使用的输送设备包括：螺旋输送机、斗式提升机、盘式输送机、吊篮式输送机和垂直绞龙。每个装置都有其优点和缺点，并非每个啤酒厂的输送系统都是相同的。

11.4.1　螺旋输送机

这些大型螺旋输送机是通过管道或物料槽内的螺旋运动来输送物料的。有的螺旋具有固定的中心轴；有的也用一个弹簧式的螺旋。螺旋和管壁之间的紧配合公差能需能准确地清除输送机内的物料。螺旋输送所能达到的垂直角度（或

麦芽

---

[1]　繁殖期是例外，因为繁殖似乎对害虫有着更大的吸引力。我想人人都能理解即使倒入啤酒也无法阻止害虫之间的交配。

提升的高度）是有限的。垂直角度受多重设计因素影响，但控制在45°以下应该是最能被接受的方案。

　　与大多数输送装置一样，高速运动往往会增加运输的破损，因此在设计时需要关注转速。弹性螺旋具有兼容直面输送和曲面输送的独特能力。通常被空间有限的小型啤酒厂所采用。

11.4.2　斗式提升机

　　斗式提升机是稳定输送麦芽的优秀解决方案。"料斗"被固定在垂直方向的一条皮带上，从机底的料槽中舀入物料，在顶部的机头位置，皮带开始转向下运动，物料由于向心力被抛出并从卸料槽溜出。尽管这类设备因能够高速运行而会被大型工业所采用，但缩小版的设备同样也非常适用于规模较小的啤酒厂。

11.4.3　管链式输送机

　　在一根管道内通过链条和线缆盘带动一批塑料刮板向前运动。进入环链的物料被这些圆盘刮板带动推进。该设备能够稳定地垂直和水平输送物料（图11.2）。在调整方向的转角处通常设有密闭的转轮，以减少摩擦和设备磨损。通常欧洲制造的设备较大，但也有相对廉价的农用小规模设备。

图11.2　弗吉尼亚州克罗泽特的斯塔尔山酿酒厂（Starr Hill Brewery）中布局合理的麦芽清理区，配有计量仓、四辊粉碎机、管链式输送机和麦芽筒仓（物料流量控制器安装在粉碎机的上方）

在固定的金属物料槽内塑料刮板由一条传送链环拉动，该链环也可以稳定地输送麦芽。通过在物料槽底安装滑门可以设置多个供清洁用的排污口。通常整个链环被封闭在单个槽内，和刮板一起返回到上方的麦芽进料口处（图11.3）。

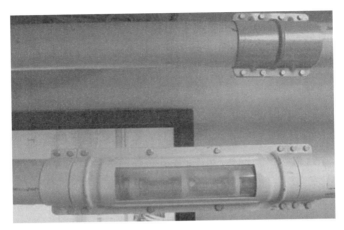

图11.3　链机近景

11.4.4　气力输送系统

在一些啤酒厂，固定安装的气力输送系统也可以用于输送麦芽。这些系统的基本构件包括气封（将输送回路与物料箱或设备隔开）、旋风分离器（将运送的材料与移动的气流分开）和鼓风机（为整个系统提供动力）。在大流量下为减少产品破损，需要精细化的工程设计。轻柔清扫和长半径弯管是必须的。与卡车的气力输送系统类似，这种系统也可以进行稀相输送和密相输送。一种设备是通过真空吸力，拉动麦芽向前运动，而另一种是通过压力驱动，推着麦芽向前运动。

气力输送系统中不平整的区域会导致严重问题。这一问题在从散装卡车到筒仓的管路上体现得尤为明显。几年前在贝尔斯酿酒厂，一个凸轮锁使用了向内突出的螺栓固定在筒仓的进料管上，由于进料时快速运动的麦芽与螺栓相撞，导致麦芽出现了很严重的破损。如果驾驶员或操作工没有卸麦芽的经验，他们可能会使用直45°或90°转接头作为软管运行的一部分，这也可能导致麦芽出现意外破损。此外，虽然麦芽是易碎的，但它的表面也是粗糙的，时间久了也会磨损和侵蚀输送设备的部件（图11.4）。

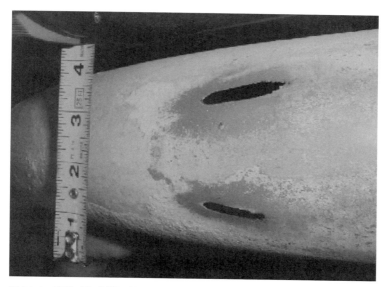

图11.4　麦芽对气力输送管道造成的损伤

11.5　清选

　　作为大规模工业加工的农产品，麦芽中混入外来异物或杂质的可能性很大。来自酿酒行业的案例已经介绍了所有可能出现的异物：有的酿酒师发现过田间的石头、老旧储物箱中的铁屑，甚至有一次还从螺旋输送机的出口发现过一部已损坏的对讲机。经推测应该是一个麦芽厂工人遗落的。清选设备（安装在麦芽厂中的）能除去大部分异物，但是一些酿酒师还是采取了额外的措施来确保他们的麦芽里没有任何不该被糖化的异物。在麦芽粉碎机入料口处通常配备有除铁器以除去含铁颗粒，例如，螺母，垫片或螺栓。应当经常检查并清扫这些除铁器，以确保其能够正常运行；清洁的频率根据麦芽质量和数量而定。

　　还有更加先进的清选系统，它们是根据颗粒大小和密度的不同对流动的麦芽进行分离的。在这些系统中，大于或小于麦芽的颗粒会通过特定尺寸的筛网被分离。流动的气流可以去除麦芽中的灰尘、麦壳和其他低密度的杂质。重力振动台面可以去除小石子和其他高密度杂质。上述单元可以独立设置，也可以整合在一套设备——组合振动筛中完成。

11.6　称重

无论啤酒厂的规模是大是小，都需要对麦芽进行称重来确保酿造的一致性。除非用的全是同样重量的袋装麦芽，否则都需要在秤上进行称重。对于较少的麦芽，比如一桶，通常使用厨房秤称重就足够了。但如果是散粮系统中的大量麦芽，就需要用到一种在线称量装置。

简单的称量系统都有一个称重箱，当达到设定重量时，该称重箱就会自动放出物料。通过自动计算"计量秤"的循环次数来控制整批重量。"称重传感器"是将物理受力（如重量）通过电子转换为精确质量数据的装置。将它们连接在承载部件上可以使容器变成可称量的装置。因此，啤酒厂有时用它们对麦芽箱或成批货物进行称量。称重传感器也被用于"专业化喂料"的称量装置。该设备是通过水平螺旋以固定的转速来测量喂料速度。例如，如果需要10s输送麦芽且通过称重设备的麦芽重量是20磅（9.07kg），那么流速等于2磅/s（0.9kg/s）。通过简单的数学运算，就能通过该系统轻松地控制流量和总重量。

11.7　粉尘控制

由于松脆的麦芽在输送和粉碎时会产生一些粉尘，麦芽粉尘含有大量的腐败微生物，会污染麦汁和啤酒。让其进入发酵或包装的任何一个环节都有可能导致严重的清洁、卫生和微生物问题。

如前所述，昆虫和其他害虫被吸引是因为麦芽提供了丰富的食物来源。防止粉尘堆积能降低其侵扰的可能性。除了导致酿造问题和环境污染外，过多的灰尘也不美观，而且会导致设备运转不良。

具有明显扬尘的环境令人厌恶，工作在其中也不利于健康。除了显而易见的呼吸危害，粉尘过多最显著的危害可能是很多人想象不到的粉尘爆炸。任何能以固体形式在空气中燃烧的物质，当它以细小（粉末状）形式出现时都有可能会导致爆炸。当封闭区域内的空气分散有足够浓度的可燃粉末，一旦遇到火种就会发生爆炸。尽管可以通过杜绝火种、火花或火焰来实现防爆——但控制空气中的粉尘浓度才是最根本的途径。

粉尘控制可以通过多种方式来实现。首先也是最有效的是通过清扫、抽真空等手动清洁措施。标记并隔离产生粉尘的区域有助于最大限度地减少整体的粉尘浓度。充足的通风可以在扬尘集聚并发展成更严重的清洁问题之前将其清除。较大的啤酒厂通常配备了一些集中式的吸尘设备，可以在输送过程中去除细小颗粒。过滤除尘器或袋式除尘器可以收集清除出来的粉尘，将其与糖化过滤后的麦糟合并，作为牲畜饲料。

粉尘爆炸的危害

麦芽粉尘能够爆炸。火灾的发生有三个要素：火源，氧气和可燃物。火灾从相对简单的燃烧变成了基于不同可燃物类型的爆炸。由于表面积大，引火的木片能比大块的木柴更容易快速燃烧。想象一下，在一个狭小的空间里弥漫着细小的可燃物，燃烧可以变得非常迅速和剧烈，从而导致一场足够摧毁一座大楼的大规模爆炸。

可燃粉尘在美国职业安全和健康署的规定中被定义为"小于 420 μm 且能够在空气中燃烧"的物质。因此，需要多少粉尘才能真正发生爆炸？据报道，谷物粉尘的爆炸下限为 55g/m³。这个浓度足以大幅降低能见度。酿酒师不可能（除非打破一袋打开的面粉）让啤酒厂处于这样的粉尘浓度下。那么啤酒厂和麦芽厂的风险在哪里呢？答案是二次爆炸。如果在密闭的空间内发生了小爆炸或爆燃，由此产生的冲击波将激起原本沉积的粉尘使其分散到空气中。通常大规模爆炸事件的罪魁祸首正是二次和三次爆炸所产生的冲击波。

许多潜在的火源可能引发粉尘爆炸。在粮食设备附近抽烟、焊接或有其他明火是很可怕的。其他火源包括由电弧、金属撞击或静电放电引起的火花，由跑偏的传动带或润滑不足的轴承产生的摩擦也可能产生足够的热量，进而引发火灾和爆炸。

11.8　粮仓

散粮作业利用筒仓或谷仓收储麦芽。虽然大多数筒仓和谷仓是用油漆或镀锌板制成，但有时也用到类似塑料的其他材料。许多麦芽仓是在专业工厂里加工组装好之后整体送到啤酒厂的。这些麦芽仓的尺寸很显然被限定只能在陆路运输，因此如果要求规模更大的话，用螺栓拼接的钢板仓可能是一种更好的选择。

圆柱形仓是最稳固的设计，比其他形状的仓使用更加广泛。但对于仓储要求尽可能紧凑时，某些啤酒厂可能优选具有隔板的正方形或矩形仓。

无论如何选型，麦芽都需要便于从仓中移出。出仓时麦芽如何流动是由麦芽仓的几何形状来决定的。麦芽在散粮系统中很容易流动，麦芽的堆积角为26°，因此仓底倾角要在30°以上，设计成平滑而陡峭的斜面才不会出现堵料问题。实际上，大多数啤酒厂的麦芽仓仓底倾角都至少在45°以上。当采用方仓时，还需要考虑两边相交所带来的倾角变小的问题，以保证麦芽能够完全卸空。

破碎改变了麦芽的容重和流动性，是因为对较小的颗粒而言，摩擦力变得更大了，所以经常可以发现在仓底附近都准备有一根橡胶棒，可以用它将一些黏附在仓底的麦芽敲出来，进入糖化锅。除了手动敲击外，还可以用气动或电动振荡。

11.9　系统清洁

麦芽清选系统应当做到可以彻底清洁，设备缝隙中残留和隐藏的物料越积越多会引发一系列问题。为了防止粉尘逸出，麦芽输送系统是密封的，通常难以检查。除了卫生问题外，还可能由于系统设计不完善导致不同类型的麦芽发生混料现象。对整个系统定期清洁的程序和记录进行确认是通过有机认证的必要条件。从这一角度出发严格制定的检查表有利于维持良好的现场清洁，并能有效地保持麦芽的一致性和洁净度。

参考文献

[1] Combustible Dust in Industry: Preventing and Mitigating the Effects of Fire and Explosions http://www.osha.gov/dts/shib/shib073105.html Accessed 3–17–2013

[2] A Guide to Combustible Dusts http://www.nclabor.com/osha/etta/indguide/ig43.pdf Accessed 7–7–2013

麦芽

12

第 12 章

粉碎

"刚粉碎的麦芽具有易燃性，而且带有电荷。1832年伦敦的巴克利（Barclay）酒厂就是这么被烧毁的。一个工人打开了输送麦芽到送料斗的箱盖，手持蜡烛伸进去观察麦芽，麦芽粉由于料斗的移动在空中飘荡。毫无疑问，干燥带电的麦芽、由摩擦产生的麦芽粉，由于大量麦芽瞬间粉碎分解出氢气，变得极其易燃。但如果在粉碎结束、气体消散后就可避免此类事故的发生。"

——威廉·利特尔·蒂泽德（William Littell Tizard）

《酿造理论和实践说明》

（ *The Theory and Practice of Brewing Illustrated* ）

麦芽在遇水糖化之前，需要使麦皮包裹的淀粉胚乳暴露出来。这个过程（称之为"粉碎"）通过机械作用将干燥麦芽坚硬的外壳打碎，使之适合酿造。现在看来，粉碎是显而易见的一个步骤，或者说是酒厂后知后觉的发现，如果不通过粉碎来使麦芽的胚乳暴露，单凭醪液中的热水是很难将糖类浸提出来的。

根据酒厂的设备和酿造要求，粉碎分干法粉碎和湿法粉碎。麦芽通常都是在酿造前粉碎，因为一旦外壳破碎，内部的胚乳与空气中的水分接触会缩短麦芽保存期。本章将介绍不同粉碎方式，为何不同酒厂的粉碎方式各不相同，并且介绍一些粉碎中的原料分析知识。

12.1　干法粉碎

原料准备好后就可以开始进行粉碎了，粉碎是酿酒流程的第一步。尽管世界各地不同酿酒师使用各式各样的设备，最简单可控的粉碎方式都是使麦芽通过间隙很小的对辊。对辊结构简单、价格低廉，但需费力手动操作，一般家酿和微型酒厂粉碎少量麦芽时使用；也有大型电机带动的粉碎机，适用于大规模酿造。

上一章提到的乔和莉亚的浪漫史中，在得到免费麦芽之前，肖特酒厂一直使用预先粉碎好的麦芽。免费的整粒麦芽（本应是酒厂的福利）反而使得酒厂资源紧张。要用有限的预算粉碎这么多麦芽，于是乔和同事们自己动手组装了料斗，接到Shmidling麦芽粉碎机上，用一台二手发动机带动这套设备。用这套由家酿设备改装的粉碎机粉碎谷物需要90分钟，能满足七桶产量的酿酒系统所需。其麦芽浸出率并不理想，但由于他们"常常添加过量（麦芽）"所以也并无太大影响。

虽然工业规模的设备可以提供更多更强大的功能来更好地控制大规模生产，粉碎麦芽的目标一直没变：可控的粉碎颗粒大小，以便让麦芽得到及时降解和浸出。这些因素很大程度上依赖于酒厂设施和产品的特点；而这两者在实际应用中千差万别。举例来说，微型酒厂酿造高浓度世涛啤酒所需麦汁要求的粉碎参数，同工业化辅料啤酒所需的粉碎参数完全不同。一般酒厂期望的理想谷物应该是麦皮同内部完美分离并尽量保持完整，而胚粉碎成均一的小颗粒。这个目标看似矛盾，但通过细致的粉碎还是能够达到要求。每个酿酒师都应当学会平衡这两种看似矛盾的粉碎要求，根据自己的酿造需求优化酒厂的粉碎工艺。

酿酒师要求麦皮尽量保持完整，有几个原因。麦皮中的多酚含量很高，如果粉碎过度会导致麦汁中多酚含量增加，从而产生粗糙、生涩的口感。完整麦皮还可以为滤层提供很好的结构支撑，有利于快速高效的过滤。

当醪液中的谷物吸收水分，麦芽中的酶会被激活，这些酶从麦芽中释放出来，随着醪液中的水迁移到相应的蛋白质和淀粉上发挥作用。胚乳颗粒越小，比表面积越大，因此酶的反应也就越迅速和彻底。这就是为什么胚乳粉碎得越细，浸出率越高。每提高一点点浸出率对于工业规模的酒厂都能极大节省成本。但是对于小批次生产的酒厂来说，加快过滤速度可能更重要一些。

不管粉碎要求如何，目标永远是粉碎的一致性。未粉碎的麦芽颗粒很难浸出，很难在糖化/过滤过程中为麦汁提供期望的糖类。粉碎过细的麦芽会产生极细小的颗粒，导致滤层堵塞，浸出物难以进入麦汁。虽然听起来很奇怪，但是差的或者没有维护好的粉碎设备可能会同时产生过量的未粉碎颗粒和过细粉末。

历史上粉碎麦芽有很多种方式。酿酒师们几百年前使用磨盘粉碎麦芽，就像磨面粉一样。虽然现代的酿酒师可能对这种古老方法粉碎出来的麦芽质量并不满意，但根据17世纪的一些记载，那个时候现代化的金属磨盘显然解决不了什么问题。Matthews和Lott引用了Edmunds在其著作中描述的1769年的传统工艺："粉碎麦芽最好是用马拉的两片石磨；这样才能碾碎种子，而铁磨只会将其劈成两半；石磨粉碎的麦芽能够释放其内容物；断裂的麦芽则困难许多，其内容物仍旧包裹于麦皮之中。"（Matthews and Lott, 1899）

啤酒酿造的历史上应用过各种各样的粉碎设备，了解其中的原理有助于优化酒厂工艺。最简单的对辊粉碎机是让麦芽从两个圆柱形的磨辊中被碾过，利用挤压将麦芽粉碎。麦芽越脆，这种方式的效率就越高，对辊粉碎机要求麦芽均一性和溶解程度好。

通过增加额外的粉碎设备，调整设备配置可以提高酒厂的粉碎质量。通过不同速度的旋转对辊，可以将麦芽很好地碾碎，一般一个磨辊比另一个的转速高50%。带有凹槽表面的磨辊则能提供更好的粉碎效果。为了高效地粉碎，磨辊之间的间隙不宜被麦芽占满。麦芽应该以可控、定量的方式添加到粉碎设备中，以确保有足够的空间进行彻底的粉碎。

将粉碎分成多个步骤可以更好地控制最终粉料的质量。在很多工厂，当麦芽从一套粉碎设备输送到另一套时，会通过振动筛，碎麦芽会按尺寸被筛选出来。麦芽可以首先在上辊中粗碎，然后过筛，粗粉胚乳从基本完好的麦皮中脱落。在下一组辊子中再次磨碎大块的胚乳，麦皮则不过辊以防止进一步的破坏。大型粉碎机可能有三套破碎辊，能够有效处理不同颗粒尺寸的麦芽。

虽然主要用于加工饲料的对辊研磨设备（图12.1）可以在啤酒厂中使用，但为了酿造专门设计的设备能够得到更可靠和更好的酿造结果。使用过多套对辊的酿酒师们都认为专用设备可以有助于提高浸出率，从而大大降低配方中麦

图12.1 某小型酒厂的对辊设备（对辊上方是进料斗，粉碎后的麦芽
通过螺旋钻排出）

芽的使用量。

　　"安装了四辊粉碎机后，我们每批酒的麦芽用量从1600磅（726kg）降到了1450磅（658kg）"，约翰·布莱恩特（John Bryant）说道，他所在的斯塔尔山酒厂位于弗吉尼亚州的克罗泽特。虽然提高质量是升级粉碎设备的主要原因，但对于一天酿造几个批次的酒厂来说，节省原料上的费用也是采购更好粉碎设备的理由之一。

　　亚历克斯·马尔（Alex Mull）回忆当年创始人（Founders）酒厂在密歇根州的大急流城（Grand Rapids）使用古老原始的"作坊式"粉碎机，"我们没法把对辊的轴调平行，结果总是有5%~10%的完整麦芽粉碎不完全。"过了几年他们终于决定升级设备。创始人酒厂的原料需要快速到位，因为他们直接将粉碎好的麦芽投入糖化锅，不经过中间的料箱。由于时效要求，他们选择了布勒的四辊粉碎机。虽然花了50000多美元，但这些钱很快从麦汁浸出物中找回来了。"当我们在Promash软件里看的时候，我们的出糖率从60%多70%出头改善到了80%多。我们可以直接减少10%的原料投放。"省下的原料很快就补偿了投资，更重要的是提高了品质。"酿酒师们很喜欢新粉碎机；效率很高；每小时可以粉碎八九千磅原料，基本不需要做任何调整。"

12.2　湿法粉碎

　　如果粉碎的目的是对麦皮的伤害降至最低，而要粉碎胚乳，则麦皮最好具有柔韧性且不易破碎。可以通过"预处理麦芽"达到这个目的，即在马上要粉碎之前向麦芽洒一点点水。将待粉碎麦芽通过装有喷水孔的螺旋状传动装置来润湿。预先润湿麦芽不仅仅能够减少对麦皮的破坏，还有助使麦糟滤层的体积和孔隙率更大，反过来能够过滤更多的谷物。此外，预处理还能减少粉碎时产生的扬尘。

润湿所需的水量很少；每百磅（45.36kg）麦芽仅需1夸脱（0.95L）水。很多酿酒师一想到粉碎区有水就会担心，因为水一旦与设备、谷物和扬尘接触可能会有预想不到的各种风险。酒厂里像麦芽粉一样利于微生物生长的物质并不多，没有什么比与水混合的灰尘泥浆更适合作为细菌滋生的温床了。商业化的酿酒系统已将这种风险考虑在内，但是仍需要勤加清洁和管理。绝大多数专业化酒厂可以做到完全杜绝污染。

湿法粉碎还有一种预处理方法，粉碎时使用大量的水。首台湿法粉碎设备有一个巨大的水箱，将温水加到谷物中，使之浸泡多达30分钟。在浸泡时，水会从底部到顶部进行循环以均匀浸润。麦芽在这个过程中会吸很多水，到粉碎的时候，胚乳会被对辊从麦皮中挤出来。在这种设备中，粉碎好的粉浆和水一起被输送至麦芽糖化锅（MCV），锅内温度达到或略低于蛋白质休止温度（50℃），为欧式多步糖化做好准备。

12.3 浸渍控湿粉碎

浸渍控湿粉碎借鉴并改良了上面两种粉碎工艺。在粉碎前约60s时，麦芽通过喷水增湿器，短时间接触热水。麦皮在这过程中快速吸水，当到达粉碎机时，麦皮变得柔韧，可以经受住粉碎破坏。在粉碎和投料泵中继续加水，醪液到达MCV时达到糖化温度。该工艺将粉碎和糖化结合，在持续酿造时对水量和温度的精确控制要求很高。由于一开始粉碎就达到初始糖化温度，这种粉碎机往往被设计成大型设备，以便于在20min内处理一整个批次的原料（图12.2）。

和湿法粉碎一样，高湿度的粉碎好处之一是整个过程不产生粉尘。对于辛苦打扫粉碎间每个角落的酿酒师来说，这一点很受欢迎。除此之外，湿法粉碎还意味着不会有火星产生，也不会出现爆炸的风险。这些复杂的大型设备都带有原位清洗（CIP）功能。大多数标准粉碎设备都是用普通钢材制造，湿法粉

图12.2　GEA Millstar^{TM} 浸渍控湿粉碎机

碎设备则需要更加昂贵的耐腐蚀合金来制造。

很多酿酒师都发现湿法粉碎系统和干法粉碎系统相比,用同样的糖化工艺得到的麦汁的可发酵性更好了。一个很好的例子是,火石行者酒厂的酿酒师马特·布莱尼森就惊讶地发现啤酒的终点糖度从2.8°P降到了1.5°P(SG 1.011和1.006)。对于起始糖度11.5°P的酒来说,发酵度从76%提高到了87%!他利用这个特性成功地提高了几款酒的发酵度。"我们发现湿法粉碎会带来更高的酶活性,从而增强可发酵性。酿了几次之后我们搞清楚了如何通过调整糖化步骤和温度来达到期望的结果。我们能更好地控制糖化效果了。"

湿法粉碎大量特种麦芽和谷物有一些难度。因为胶质和其他黏性物质很容易通过热水释放出来,要注意考虑到投料顺序和搭配,否则就可能得到一锅又热又黏的粥。德舒特(Deschutes)酒厂资深酿酒师拉里·西多尔(Larry Sidor)回忆安装湿法粉碎设备后,酿造常规款Black Butte波特和Obsidian世涛时遇到的一些小问题。"我把高脆度的黑麦芽送到粉碎机里,结果出来了泥饼。"拉里清楚地记得那时要经常把醪液输送管道拆开清洗。最终他们通过将深色麦芽均匀分配到整个投料中解决了这个问题,拉里称之为"完美解决方案"。

如果酒厂有醪液过滤筛板,则原料可以被粉得更碎一些,因为不需要麦皮来形成麦糟滤层。这种情况下原料可以粉碎成让那些熟悉传统糖化/过滤锅的酿酒师认不出来的程度,像玉米粉一样。虽然锤式粉碎机多年来一直作为筛板过滤式糖化锅的主要机型,但近些年一些水基型高剪切力的新型设备可以将谷物粉碎得更加细小。这些设备有Meura的盘式湿法粉碎机"Hydromill"和Ziemann的湿泵锤式粉碎机"Dispax"。

12.4　麦芽粉碎物分析

大多数酒厂使用的是干式对辊粉碎机。这种装置的粉碎质量可以通过由粗到细的连续过滤筛来检验。根据粉碎颗粒大小将谷物样品分选,可以得知每段的重量分布。和其他质检一样,高效解读检验结果需要独立的想法和丰富的经验。这些检测可以帮助我们了解粉碎后麦芽的最重要属性——一致性和可重复性。

做过滤筛分析需要具有代表性的谷物样品。多数粉碎机装有采样装置,能在谷物通过磨辊时采样。使用这类设备的时候要注意样品仓不要装满，因为如果太满的话会使样品不具代表性。如果无法从粉碎机中获取样品，也可以从麦芽箱或传送带上采样。推荐直接从粉碎机上采样，因为任何微调的影响都会立即被发现。因为筛选方式有多种，商业化设备例如Ro-Tap®可以使流程标准化。如果手工筛选，则需要把时长和振动强度都做编码以便记录。

原料分选一般分成四类：麦皮、粗粉、细粉和粉末。虽然很多教材都会对"理想的"颗粒尺寸分选进行探讨，大多数酒厂却认为除了刚开机的时候，这些数据并没有多大参考意义。归根结底，酿酒师的目的是让粉碎后的麦芽能在糖化过滤中表现良好，在允许的时间内得到最高质量和数量的浸出物，而这些都是很主观的判断。一家酒厂"可接受"的数据可能并不适于另一家，而且每个酒厂对麦汁质量的定义也各不相同。

由于各自的供应链不同，大多数酒厂的原料来源范围极广。不可控的原料来源使得粉碎设备参数的调整永无休止。如果酿酒师为了某一批次溶解不好的麦芽而将磨辊间隙调成最小，那他在其他批次的啤酒酿造中可能会遇到地狱般困难的过滤情况。对于每批糖化成千上万磅麦芽的酿酒师来说，浸出率多出1%都可以节省很大成本。而小型酒厂则宁愿多加几磅麦芽来获得清亮的麦汁，又能节省20min过滤时间。

不管是用什么设备，酿酒师们有以下几条通用的准则。如果麦芽质量不好，高效粉碎则变得更加重要。加宽磨辊间隙会导致低浸出率，但可以提高过滤效率。粉碎间的扬尘是个头疼的问题；除了有爆燃风险，麦芽粉尘也是一种浪费，而且灰尘清理起来也很累人。无筛板过滤锅需要粗粒和麦皮，粉状原料则越少越好。粉末可能意味着高多酚物质含量的麦皮粉碎过度，最终成品酒口感会发涩。

粉碎是糖化前麦芽处理的最后一步，需要精细操作才能不断优化。设备的选择只是众多变数中的第一步。作为酿酒师还必须制定检查计划，特别要注意确认校准点。磨辊随着时间会出现磨损，导致原料分选不一致。保养时还应对传动皮带和轴承润滑部分检查和更换。

如果酿酒师有兴趣优化粉碎工艺，第一步是要了解从哪里开始。粉碎的效果同糖化过滤是密不可分的，这几个工艺流程互相影响和制约，必须要一起进行调整。如果又要考虑麦芽品种的多样性，情况就更加复杂了。

要找出问题所在，糖化效率是个很好的切入点。如果糖化后没有得到应有的浸出率，你就要好好想想了。根本原因可能仅仅是由于阀门滴漏（点滴麦汁损失都可能造成很大影响），也可能是因为粉碎不好，甚至因为麦芽本身的问题。不管怎样，经常检查实际和理论浸出率的比值可以看出很多问题。将这些数值记到表格上还可以经常和麦芽分析报告进行比照。

如果你已经排除麦汁损失和麦芽质量问题，那就是时候看一下粉碎设备了。最好用过滤筛进行原料分析，如果没条件的话将标准样品和粉碎后的原料进行对比也是可以的。麦芽的多样性意味着没有一个唯一的调整方法。低质量大麦制成的麦芽糖化和过滤都很差，因此需要粗粉以便于过滤。但这也会导致粉碎/酿造效率降低。

酿酒师与麦芽供应商保持良好的沟通可以提前了解到一些信息，并做出相应的调整，而不用等到酿酒的时候再临时匆忙应对。

附录一
截至 2014 年
美国的商品麦芽

附表1.1包含由供应商提供的大批量的商品麦芽。一小批特种麦芽制造商（专业地称之为精制制麦）正在使用不同谷物和生产工艺制造多种麦芽。但由于这些小规模制造商转变快速，产品多样性等原因，它们并不在此列表中。

此列表包括制造商名称，麦芽名称及其所对应的色度。

附表 1.1 **大批量商品麦芽**

麦芽公司	麦芽名称	平均色度 /（SRM）
贝尔德斯	比尔森麦芽	1.5
贝尔德斯	玛丽斯奥特麦芽	3.0
贝尔德斯	淡色爱尔麦芽	3.0
贝尔德斯	维也纳麦芽	3.4
贝尔德斯	慕尼黑麦芽	5.0
贝尔德斯	淡色卡拉斯坦麦芽	15.0
贝尔德斯	卡拉斯坦麦芽（30~40°L）	34.0
贝尔德斯	深色结晶麦芽	75.0
贝尔德斯	极深色结晶麦芽	135.0
贝尔德斯	巧克力麦芽	475.0

续表

麦芽公司	麦芽名称	平均色度 /（SRM）
贝尔德斯	黑麦芽	550.0
贝尔德斯	烤大麦	550.0
贝斯特	浅色小麦	N/A
贝斯特	海德堡麦芽	1.4
贝斯特	露点麦芽	1.4
贝斯特	比尔森麦芽	1.8
贝斯特	酸化麦芽	2.2
贝斯特	小麦麦芽	2.3
贝斯特	焦糖比尔森麦芽	2.4
贝斯特	浅色爱尔麦芽	2.7
贝斯特	烟熏麦芽	2.8
贝斯特	维也纳麦芽	3.7
贝斯特	浅色慕尼黑麦芽	6.1
贝斯特	深色小麦麦芽	7.3
贝斯特	深色慕尼黑麦芽	10.0
贝斯特	红色 X 麦芽	12.0
贝斯特	浅色焦糖麦芽	12.0
贝斯特	高香麦芽	19.5
贝斯特	类黑素麦芽	25.0
贝斯特	焦糖麦芽 1	35.0
贝斯特	极深焦糖麦芽（结晶麦芽）	71.0
贝斯特	特种 X 麦芽	133.0
贝斯特	黑麦芽	435.0
布瑞斯	比尔森麦芽	1.2
布瑞斯	焦糖比尔森 ® 麦芽	1.3
布瑞斯	二棱焦糖比尔森麦芽	1.5
布瑞斯	二棱啤酒麦芽	1.8
布瑞斯	六棱啤酒麦芽	1.8
布瑞斯	红小麦	2.3
布瑞斯	白小麦	2.5
布瑞斯	浅色爱尔麦芽	3.5
布瑞斯	金色比尔森 ® 维也纳麦芽	3.5

续表

麦芽公司	麦芽名称	平均色度/（SRM）
布瑞斯	维也纳麦芽	3.5
布瑞斯	黑麦麦芽	3.7
布瑞斯	烟熏麦芽	5.0
布瑞斯	奥斯本®淡味麦芽	5.3
布瑞斯	邦兰德®慕尼黑麦芽	10.0
布瑞斯	慕尼黑麦芽 10L	10.0
布瑞斯	焦糖麦芽 10	10.0
布瑞斯	二棱焦糖麦芽 10L	10.0
布瑞斯	高香（慕尼黑）麦芽	20.0
布瑞斯	慕尼黑麦芽 20L	20.0
布瑞斯	焦糖麦芽 20	20.0
布瑞斯	二棱焦糖麦芽 20L	20.0
布瑞斯	焦糖维也纳麦芽 20L	20.0
布瑞斯	维多利亚®麦芽	28.0
布瑞斯	二棱焦糖麦芽 30L	30.0
布瑞斯	焦糖麦芽 40	40.0
布瑞斯	二棱焦糖麦芽 40L	40.0
布瑞斯	焦糖结晶®小麦	45.0
布瑞斯	特制焙烤麦芽	50.0
布瑞斯	焦糖棕色®小麦	55.0
布瑞斯	焦糖麦芽 60	60.0
布瑞斯	二棱焦糖麦芽 60L	60.0
布瑞斯	焦糖慕尼黑麦芽 60L	60.0
布瑞斯	焦糖麦芽 80	80.0
布瑞斯	二棱焦糖麦芽 80L	80.0
布瑞斯	焦糖麦芽 90L	90.0
布瑞斯	焦糖麦芽 120	120.0
布瑞斯	二棱焦糖麦芽 120L	120.0
布瑞斯	高等特制麦芽	130.0
布瑞斯	烤大麦	300.0
布瑞斯	巧克力麦芽	350.0
布瑞斯	二棱巧克力麦芽	350.0

麦芽公司	麦芽名称	平均色度 /（SRM）
布瑞斯	深色巧克力麦芽	420.0
布瑞斯	黑麦芽	500.0
布瑞斯	二棱黑麦芽	500.0
布瑞斯	黑大麦	500.0
布瑞斯	黑普林茨®麦芽	500.0
布瑞斯	午夜小麦麦芽	550.0
加拿大麦芽	超级比尔森麦芽	1.5
加拿大麦芽	蒸馏酒麦芽	1.8
加拿大麦芽	二棱加麦	1.9
加拿大麦芽	六棱加麦	1.9
加拿大麦芽	黑麦	2.5
加拿大麦芽	超级浅色爱尔麦芽	3.1
加拿大麦芽	白小麦	3.5
加拿大麦芽	慕尼黑麦芽	8.0
嘉吉	艾达比尔森麦芽™	1.6
嘉吉	欧式比尔森麦芽	1.6
嘉吉	德式比尔森麦芽	1.6
嘉吉	施雷尔六棱浅色麦芽	1.8
嘉吉	施雷尔二棱浅色麦芽	2.0
嘉吉	二棱浅色麦芽	2.0
嘉吉	白小麦	2.9
嘉吉	特制浅色麦芽	3.5
嘉吉	慕尼黑麦芽	9.5
嘉吉	焦糖10	11.5
嘉吉	焦糖20	20.0
嘉吉	焦糖30	30.0
嘉吉	焦糖40	40.0
嘉吉	焦糖60	60.0
嘉吉	二棱焦糖60	60.0
嘉吉	焦糖80	78.0
城堡	城堡二棱春麦比尔森麦芽	1.6
城堡	城堡浅色威士忌®麦芽	1.6

麦芽公司	麦芽名称	平均色度 /（SRM）
城堡	城堡威士忌麦芽	1.6
城堡	城堡有机浅色威士忌麦芽	1.6
城堡	城堡有机威士忌麦芽	1.6
城堡	城堡六棱冬麦比尔森麦芽	1.8
城堡	城堡二棱冬麦比尔森麦芽	1.8
城堡	城堡有机比尔森麦芽	1.8
城堡	城堡高糖化力麦芽	2.0
城堡	城堡白小麦	2.1
城堡	城堡有机焦糖小麦麦芽	2.1
城堡	城堡有机白小麦麦芽	2.1
城堡	城堡泥炭烟熏麦芽	2.1
城堡	城堡有机泥炭烟熏麦芽	2.2
城堡	城堡露点大麦麦片	2.4
城堡	城堡露点小麦麦片	2.4
城堡	城堡有机露点大麦麦片	2.4
城堡	城堡有机露点小麦麦片	2.4
城堡	城堡浅色焦糖麦芽	2.5
城堡	城堡斯佩耳特麦芽	2.5
城堡	城堡有机斯佩耳特麦芽	2.5
城堡	城堡燕麦	2.6
城堡	城堡有机维也纳麦芽	2.6
城堡	城堡维也纳麦芽	2.7
城堡	城堡黑麦	3.1
城堡	城堡有机黑麦麦芽	3.1
城堡	城堡烟熏麦芽	3.6
城堡	城堡有机烟熏麦芽	3.6
城堡	城堡浅色爱尔麦芽	3.8
城堡	城堡有机浅色爱尔麦芽	3.8
城堡	城堡酸化麦芽	4.0
城堡	城堡有机酸化麦芽	4.0
城堡	城堡荞麦麦芽	4.2
城堡	城堡有机荞麦麦芽	4.2

续表

麦芽公司	麦芽名称	平均色度 / (SRM)
城堡	城堡浅色慕尼黑小麦麦芽	6.1
城堡	城堡有机浅色慕尼黑麦芽	6.2
城堡	城堡浅色慕尼黑®麦芽	6.2
城堡	城堡金色焦糖麦芽	8.1
城堡	城堡慕尼黑 25 小麦麦芽	9.8
城堡	城堡慕尼黑麦芽	9.8
城堡	城堡有机慕尼黑麦芽	9.8
城堡	城堡浅色类黑素麦芽	15.6
城堡	城堡有机修道院麦芽®	17.4
城堡	城堡修道院®麦芽	18.8
城堡	红宝石焦糖麦芽®	19.3
城堡	城堡饼干麦芽®	19.3
城堡	城堡有机饼干麦芽	19.3
城堡	城堡有机红宝石焦糖麦芽®	19.3
城堡	城堡类黑素麦芽	31.0
城堡	城堡高香麦芽	38.0
城堡	城堡黄金焦糖®麦芽	46.0
城堡	城堡有机棕色焦糖麦芽	46.0
城堡	城堡有机黄金焦糖®麦芽	46.0
城堡	城堡结晶®麦芽	57.0
城堡	城堡有机结晶麦芽	57.0
城堡	城堡浅色咖啡麦芽	94.0
城堡	城堡有机特制麦芽 B	109.0
城堡	城堡特制麦芽 B	113.0
城堡	城堡咖啡麦芽	177.0
城堡	城堡黑中黑麦芽	188.0
城堡	城堡巧克力麦芽	338.0
城堡	城堡有机巧克力麦芽	338.0
城堡	城堡烤大麦	432.0
城堡	城堡黑麦芽	497.0
城堡	城堡有机黑麦芽	497.0
城堡	城堡黑麦芽	507.0

麦
芽

麦芽公司	麦芽名称	平均色度/（SRM）
松脆	纯净麦芽	N/A
松脆	标准工艺麦芽	N/A
松脆	脱皮燕麦麦芽	1.6
松脆	优质玛丽斯奥特麦芽	1.7
松脆	极浅色麦芽	1.7
松脆	格伦伊戈尔玛丽斯奥特麦芽	1.7
松脆	欧式比尔森麦芽	1.7
松脆	高糊精麦芽	1.8
松脆	小麦麦芽	2.0
松脆	精选麦芽	2.3
松脆	最佳爱尔麦芽	3.0
松脆	浅色爱尔麦芽	3.3
松脆	极浅玛丽斯奥特	3.5
松脆	维也纳麦芽	3.5
松脆	浅色慕尼黑麦芽	5.0
松脆	黄金焦糖麦芽	6.5
松脆	烤小麦	7.6
松脆	黑麦麦芽	8.0
松脆	焦糖麦芽	12.5
松脆	焦糖麦芽 15	12.5
松脆	慕尼黑麦芽	17.5
松脆	深色慕尼黑麦芽	20.0
松脆	琥珀麦芽	29.0
松脆	浅色结晶 45	45.0
松脆	棕色麦芽	53.0
松脆	结晶 60	60.0
松脆	浅色结晶麦芽	65.0
松脆	深色结晶 77	75.0
松脆	中等结晶麦芽	103.0
松脆	极深结晶 120	120.0
松脆	深色结晶	173.0
松脆	浅色巧克力	225.0

麦芽公司	麦芽名称	平均色度 /（SRM）
松脆	巧克力麦芽	380.0
松脆	黑麦芽	510.0
松脆	烤大麦	510.0
丁格曼	比尔森麦芽	1.6
丁格曼	浅色小麦	1.6
丁格曼	有机比尔森麦芽	1.6
丁格曼	浅色爱尔麦芽	3.3
丁格曼	慕尼黑麦芽	5.5
丁格曼	焦糖 8	7.5
丁格曼	烤小麦（塔维蒙特卢斯特 27）	12.0
丁格曼	高香麦芽（琥珀 50）	19.0
丁格曼	饼干麦芽（蒙特卢斯特 50）	23.0
丁格曼	焦糖 20	23.0
丁格曼	焦糖 45	47.0
丁格曼	高香 150	75.0
丁格曼	特制 B	148.0
丁格曼	巧克力麦芽（蒙特卢斯特 900）	340.0
丁格曼	去苦黑麦芽（蒙特卢斯特 1400）	550.0
丁格曼	脱皮烤大麦	600.0
福西特	拉格麦芽	1.4
福西特	小麦麦芽	1.8
福西特	烤小麦	1.8
福西特	大麦片	1.8
福西特	燕麦麦芽	2.3
福西特	玛丽斯奥特麦芽	2.5
福西特	翡翠鸟麦芽	2.5
福西特	皮普金浅色爱尔麦芽	2.5
福西特	泥炭烟熏麦芽	2.5
福西特	金色诺言麦芽	2.7
福西特	奥普蒂克麦芽	2.7
福西特	珍珠麦芽	2.7
福西特	黑麦麦芽	2.8

麦
芽

麦芽公司	麦芽名称	平均色度 /（SRM）
福西特	焦糖麦芽	14.8
福西特	浅色结晶麦芽	30.0
福西特	琥珀麦芽	36.0
福西特	结晶小麦麦芽	54.0
福西特	结晶麦芽 1	65.0
福西特	结晶麦芽 2	65.0
福西特	棕色麦芽	75.0
福西特	结晶黑麦麦芽	75.0
福西特	深色结晶麦芽 1	87.0
福西特	深色结晶麦芽 2	150.0
福西特	浅色巧克力麦芽	263.0
福西特	烤小麦	380.0
福西特	巧克力麦芽	500.0
福西特	烤大麦	600.0
福西特	黑麦芽	650.0
甘布赖纳斯	有机二棱浅色麦芽	1.8
甘布赖纳斯	有机比尔森麦芽	2.1
甘布赖纳斯	有机小麦麦芽	2.3
甘布赖纳斯	ESB 浅色麦芽	3.5
甘布赖纳斯	维也纳麦芽	4.0
甘布赖纳斯	慕尼黑 10L	10.0
甘布赖纳斯	蜂蜜麦芽	17.5
甘布赖纳斯	慕尼黑 30L	33.0
大西部	优质二棱麦芽	2.0
大西部	有机比尔森麦芽	2.0
大西部	西北浅色爱尔麦芽	2.8
大西部	维也纳麦芽	3.5
大西部	小麦麦芽	3.8
大西部	慕尼黑麦芽	9.0
大西部	有机慕尼黑麦芽	10.0
大西部	结晶 15	15.0
大西部	结晶 30	30.0

续表

麦芽公司	麦芽名称	平均色度/（SRM）
大西部	结晶 40	40.0
大西部	结晶 60	60.0
大西部	有机焦糖 60	60.0
大西部	结晶 75	75.0
大西部	结晶 120	120.0
大西部	结晶 150	150.0
欧麦	比尔森麦芽	N/A
欧麦	特殊烘干麦芽	N/A
爱尔兰麦芽公司	爱尔兰蒸馏麦芽	1.5
爱尔兰麦芽公司	爱尔兰拉格麦芽	1.8
爱尔兰麦芽公司	爱尔兰南部麦芽	1.8
爱尔兰麦芽公司	爱尔兰爱尔麦芽	2.8
缪斯多佛	比尔森麦芽	1.7
缪斯多佛	维也纳麦芽	2.5
缪斯多佛	慕尼黑麦芽	5.5
巴塔哥尼亚麦芽	极浅色麦芽	1.6
巴塔哥尼亚麦芽	比尔森麦芽	2.0
巴塔哥尼亚麦芽	C15	17.0
巴塔哥尼亚麦芽	焦糖 25L	29.0
巴塔哥尼亚麦芽	C35	37.0
巴塔哥尼亚麦芽	C45	45.0
巴塔哥尼亚麦芽	C 55L	57.0
巴塔哥尼亚麦芽	C70	72.0
巴塔哥尼亚麦芽	C90	90.0
巴塔哥尼亚麦芽	C110L	112.0
巴塔哥尼亚麦芽	棕色 115L	115.0
巴塔哥尼亚麦芽	特制麦芽 140L	139.0
巴塔哥尼亚麦芽	焦糖 170L	168.0
巴塔哥尼亚麦芽	焦糖 190L	193.0
巴塔哥尼亚麦芽	咖啡 230L	230.0
巴塔哥尼亚麦芽	黑珍珠麦芽	340.0
巴塔哥尼亚麦芽	巧克力麦芽	350.0

麦
芽

续表

麦芽公司	麦芽名称	平均色度/（SRM）
巴塔哥尼亚麦芽	大麦 350L	350.0
巴塔哥尼亚麦芽	黑珍珠 415L	410.0
巴塔哥尼亚麦芽	深色巧克力	445.0
巴塔哥尼亚麦芽	大麦 450L	445.0
巴塔哥尼亚麦芽	黑珍珠 490L	490.0
巴塔哥尼亚麦芽	黑麦芽	530.0
巴塔哥尼亚麦芽	大麦 530L	530.0
保罗	浅色爱尔麦芽	3.0
保罗	温和爱尔麦芽（糊精麦芽）	4.0
保罗	焦糖麦芽	12.5
保罗	琥珀麦芽	20.0
保罗	浅色结晶麦芽	43.0
保罗	中等结晶麦芽	60.0
保罗	深色结晶麦芽	78.0
保罗	极深色结晶麦芽	135.0
保罗	巧克力麦芽	453.0
保罗	黑麦芽	548.0
保罗	烤大麦	640.0
瑞河	优质比尔森麦芽	1.8
瑞河	旧世界比尔森麦芽	1.8
瑞河	标准二棱麦芽	1.9
瑞河	标准六棱麦芽	2.3
瑞河	未发芽小麦	2.8
瑞河	高糖化力蒸馏酒麦芽	2.8
瑞河	红小麦	3.3
瑞河	白小麦	3.3
瑞河	浅色爱尔麦芽	3.5
希尔麦芽	小麦麦芽（白麦芽）	1.5
希尔麦芽	比尔森麦芽（浅色麦芽或拉格麦芽）	1.5
希尔麦芽	浅色慕尼黑麦芽	3.1
希尔麦芽	维也纳麦芽（琥珀麦芽）	3.5
希尔麦芽	古龙麦芽（科隆麦芽）	4.4

续表

麦芽公司	麦芽名称	平均色度/（SRM）
希尔麦芽	深色慕尼黑麦芽	6.1
辛普森	高香大麦	N/A
辛普森	浅色焦糖麦芽	N/A
辛普森	针头燕麦	1.5
辛普森	燕麦片	1.5
辛普森	优质拉格麦芽	1.7
辛普森	比尔森拉格麦芽	1.7
辛普森	泥炭烟熏麦芽	1.7
辛普森	浅色玛丽斯奥特麦芽	1.7
辛普森	极浅爱尔麦芽	1.7
辛普森	蒸馏麦芽	1.7
辛普森	小麦麦芽	2.1
辛普森	玛丽斯奥特麦芽	2.5
辛普森	金色诺言	2.5
辛普森	最佳浅色爱尔麦芽	2.5
辛普森	维也纳麦芽	3.4
辛普森	金质去壳燕麦	6.2
辛普森	慕尼黑麦芽	8.1
辛普森	焦糖麦芽	12.5
辛普森	帝国麦芽	17.5
辛普森	琥珀麦芽	20.0
辛普森	优质英式焦糖麦芽	23.0
辛普森	高香麦芽	23.0
辛普森	浅色结晶	40.0
辛普森	深色高香麦芽	42.0
辛普森	中等结晶麦芽	68.0
辛普森	深色结晶麦芽	101.0
辛普森	辛普森 DRC 麦芽	113.0
辛普森	结晶黑麦	117.0
辛普森	咖啡（棕色）麦芽	151.0
辛普森	极深色结晶麦芽	179.0
辛普森	巧克力麦芽	338.0

麦
芽

续表

麦芽公司	麦芽名称	平均色度 /（SRM）
辛普森	烤大麦	488.0
辛普森	黑麦芽	497.0
沃敏斯特	新式烟熏麦芽	N/A
沃敏斯特	玛丽斯奥特麦芽	3.0
沃敏斯特	玛丽斯奥特麦芽	3.0
沃敏斯特	有机浅色爱尔麦芽	3.0
沃敏斯特	浅色爱尔麦芽	3.0
沃敏斯特	黑麦麦芽	3.0
沃敏斯特	琥珀麦芽	20.0
沃敏斯特	结晶 100	40.0
沃敏斯特	棕色麦芽	43.0
沃敏斯特	结晶 200	78.0
沃敏斯特	结晶 400	133.0
沃敏斯特	巧克力麦芽	500.0
沃敏斯特	烤大麦	615.0
维耶曼	有机比尔森	N/A
维耶曼	有机小麦	N/A
维耶曼	有机慕尼黑®I	N/A
维耶曼	有机慕尼黑®II	N/A
维耶曼	有机卡拉希尔®	N/A
维耶曼	有机焦糖慕尼黑®II	N/A
维耶曼	有机卡拉发®II	N/A
维耶曼	有机维也纳麦芽	N/A
维耶曼	极浅优质比尔森麦芽	1.3
维耶曼	比尔森麦芽	1.9
维耶曼	巴克®比尔森麦芽	1.9
维耶曼	波西米亚地板式比尔森麦芽	2.0
维耶曼	波西米亚比尔森麦芽	2.1
维耶曼	浅色小麦麦芽	2.1
维耶曼	波西米亚地板式小麦麦芽	2.1
维耶曼	焦糖泡沫®	2.2
维耶曼	酸化麦芽	2.3

续表

麦芽公司	麦芽名称	平均色度/（SRM）
维耶曼	斯佩耳特麦芽	2.5
维耶曼	橡木烟熏小麦	2.5
维耶曼	烟熏麦芽	2.9
维耶曼	浅色爱尔	3.0
维耶曼	浅色爱尔麦芽	3.0
维耶曼	黑麦	3.2
维耶曼	巴克®维也纳麦芽	3.4
维耶曼	维也纳麦芽	3.4
维耶曼	浅色慕尼黑麦芽	6.1
维耶曼	深色波西米亚地板式麦芽	6.6
维耶曼	深色小麦麦芽	7.2
维耶曼	巴克®慕尼黑麦芽	7.9
维耶曼	深色慕尼黑麦芽	9.0
维耶曼	卡拉希尔®	10.0
维耶曼	卡拉贝尔格®	12.8
维耶曼	修道院麦芽®	17.5
维耶曼	焦糖红色®	19.5
维耶曼	焦糖琥珀®	27.0
维耶曼	类黑素麦芽	27.0
维耶曼	焦糖慕尼黑®I	35.0
维耶曼	焦糖慕尼黑®II	46.0
维耶曼	焦糖小麦®	48.0
维耶曼	焦糖慕尼黑®III	57.0
维耶曼	焦糖波西米亚®	74.0
维耶曼	焦糖高香®	151.0
维耶曼	巧克力黑麦麦芽	244.0
维耶曼	烤黑麦，未发芽	244.0
维耶曼	卡拉发®I	338.0
维耶曼	去壳卡拉发®I	338.0
维耶曼	巧克力小麦麦芽	395.0
维耶曼	烤小麦，未发芽	420.0
维耶曼	卡拉发®II	432.0

麦
芽

续表

麦芽公司	麦芽名称	平均色度 / （SRM）
维耶曼	去壳卡拉发® II	432.0
维耶曼	卡拉发® III	526.0
维耶曼	去壳卡拉发® III	526.0
维耶曼	希那马®	3120.0

附录二
全球和北美麦芽厂产能

附表2.1 北美麦芽厂产能（按所在地区分）

公司	位置	产能 / (t/年)
布瑞斯麦芽及配料有限公司	美国威斯康星州，奇尔顿市	15000
布瑞斯麦芽及配料有限公司	美国威斯康星州，滑铁卢市	30000
布希农业资源	美国爱达荷州，爱达荷福尔斯市	320000
布希农业资源	美国明尼苏达州，穆尔黑德市	92000
嘉吉麦芽	加拿大萨斯喀彻温省，比格市	220000
嘉吉麦芽	美国威斯康星州，希博伊根市	30000
嘉吉麦芽	美国北达科他州，斯皮里特伍德市	400000
甘布赖纳斯酿酒公司	加拿大不列颠哥伦比亚省，阿姆斯特朗市	6200
澳大利亚谷物集团（加拿大麦芽公司）	加拿大阿尔伯塔省，卡加利市	250000
澳大利亚谷物集团（加拿大麦芽公司）	加拿大魁北克省，蒙特利尔市	75000
澳大利亚谷物集团（加拿大麦芽公司）	加拿大安大略省，雷湾市	120000
澳大利亚谷物集团（大西部麦芽公司）	美国爱达荷州，波卡特洛市	92000
澳大利亚谷物集团（大西部麦芽公司）	美国华盛顿州，温哥华市	120000
英特格麦芽公司	美国爱达荷州，爱达荷福尔斯市	100000
欧麦集团	美国蒙大拿州，大瀑布市	200000
欧麦集团	美国威斯康星州，密尔沃基市	220000
欧麦集团	加拿大曼尼托巴省，温尼伯市	90000
欧麦集团	美国明尼苏达州，威诺纳市	115000
米勒康胜麦芽公司	美国科罗拉多州，戈尔登市	230000
瑞河麦芽公司	加拿大阿尔伯塔省，亚历克斯市	140000
瑞河麦芽公司	美国明尼苏达州，沙科皮市	370000

附表 2.2

世界最大商品麦芽公司（2014 年 6 月）

排名	世界市场占有率	公司	各国产能（按国家/地区）	合计
1	9.8%	法国泰福莱麦芽公司	法国：116, 91, 53, 81, 59, 72, 241；捷克共和国：100, 100, 108, 34, 53, 44；德国：86, 61, 54, 11；罗马尼亚：106；波兰：115；保加利亚：26；俄罗斯：112；哈萨克斯坦：85；塞尔维亚：75；巴西：105	2148
2	9.7%	欧麦集团	法国：241, 82, 55, 36；德国：105, 100, 100, 60；西班牙：155, 100；葡萄牙：60, 42；波兰：65；中国：55, 25；乌克兰：112, 58；俄罗斯：110；美国：160, 115, 200；加拿大：90；澳大利亚：75；新西兰：42	2138
3	9.7%	嘉吉麦芽	美国：440, 30；加拿大：105, 250；比利时：115, 120；法国：75, 80；德国：85, 53；荷兰：75, 45；西班牙：100, 83；俄罗斯：110, 31；阿根廷：330, 80；英国：110, 60；澳大利亚：200, 96, 12, 45, 8, 110	2126
4	6.1%	GrainCorp麦芽	美国：120, 93；加拿大：250, 120, 80；英国：45, 53, 80；德国：60, 15；澳大利亚：103, 23, 46, 86	1333
5	5.0%	宝麦公司	法国：165, 330, 29；比利时：330, 93；匈牙利：75, 175；英国：51, 60, 59；爱尔兰：94；克罗地亚：55	1093

麦芽

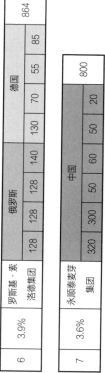

排名	占比	企业	国家/产能								合计
6	3.9%	罗斯基·索洛德集团	俄罗斯 128	128	128	140	130	德国 70	55	85	864
7	3.6%	永顺泰麦芽集团	中国 320	300	50	50	20				800
8	3.5%	中粮麦芽	中国 360	320	80						760
9	2.5%	瑞河麦芽	美国 400	加拿大 140							540
10	1.8%	北大荒龙垦麦芽	中国 100	200	100						400
11	1.6%	维京麦芽	瑞典 220	芬兰 75	立陶宛 65						360
12	1.6%	艾瑞克麦芽	德国 65	20	18	23	48	澳大利亚 100	74		348
13	1.4%	大连兴泽制麦	中国 300								300

麦 芽

14	1.3%	辛普森麦芽	英国	236	50	286
15	1.3%	巴尔麦芽	印度	80	100	100	280
16	1.2%	承德四海麦芽	中国	270	270
17	1.2%	春蕾麦芽	中国	50	60	50	30	15	50	255
18	1.1%	松脆麦芽集团	英国	115	40	35	30	30	250
19	1.1%	汉泽麦芽	德国	60	75	110	245
20	1.1%	荷兰麦芽	荷兰	130	105	235
20	1.1%	阿格拉尼亚麦芽	巴西	235	235

22	1.0%	新金威	中国	85	55	70	20	230
23	1.0%	印度麦芽公司	印度	150	30	45		225
24	0.9%	环球麦芽	德国	110	85			195
25	0.8%	曼通思	英国	95	80			175
26	0.8%	莫高麦芽	中国	100	70			170
27	0.7%	福合桑	丹麦	110	47			157
28	0.5%	马尔德科斯哥	智利	31	34	35		100

注：数据以千吨为单位

2013年全球年产量（估计）22000000t

2013年全球年容量（估计）26700000t

前三家最大麦芽公司年产量占全球年产量29.1%*

前五家最大麦芽公司年产量占全球总年产量40.2%*

前十家最大麦芽公司年产量占全球总年产量55.5%*

前二十家最大麦芽公司年产量占全球总产量68.3%*

*指全球（估计）年产量

数据来源于丹尼尔·胡伟特，农业集团总经理。

附录三
精制麦芽制造商名录

附表 3.1   北美精制麦芽制造商

公司	位置	年产量 /t
学院麦芽公司	美国印第安纳州，印第安纳波利斯	80
黑地麦芽	美国得克萨斯州，奥斯汀	107
蓝牛麦芽	美国缅因州，贝尔法斯特	–
克里斯坦森农场麦芽公司	美国俄勒冈州，麦克明维尔	68
科罗拉多麦芽公司	美国科罗拉多州，阿拉莫萨	600
海盗船工匠酿酒厂	美国田纳西州，纳什维尔	100
德内尔地板式麦芽厂	加拿大不列颠哥伦比亚省，维多利亚	11
埃克特麦芽和酿酒公司	美国加利福尼亚州，奇科	20
农家男孩农场	美国北卡罗来纳州，匹兹波罗	125
纽约农场麦芽	美国纽约州，纽瓦克谷	50
格饶斯麦芽和焙烤公司	美国科罗拉多州，惠灵顿	100
山石庄园酿酒厂	美国纽约州，安克拉姆	100
弗隆特纳克麦芽公司	加拿大魁北克省	825
猛犸麦芽	美国伊利诺伊州，泰维勒	30
密歇根麦芽	美国密歇根州，薛普尔	50
纽约精制麦芽	美国纽约州，巴达维亚	156

续表

公司	位置	年产量 /t
尼亚加拉麦芽	美国纽约州，坎布里亚	50
我们共同的朋友麦芽和酿酒公司	美国科罗拉多州，丹佛市	1
飞行员麦芽厂	美国密歇根州，杰尼森市	30
瑞贝尔麦芽公司	美国内华达州，里诺	40
河湾麦芽厂	美国北卡罗来纳州，阿什维尔	200
罗格阿尔斯农庄麦芽厂	美国俄勒冈州，纽波特	15
斯普拉格农场和酿造厂	美国宾夕法尼亚州，韦南戈	10
峡谷麦芽	美国马萨诸塞州，哈德利	300
西部饲料科技有限公司	美国蒙大拿州，博兹曼	20

麦
芽

附录四
家庭制麦介绍

乔治·德·皮洛　著
经《酿造学》杂志许可转载

亲手生产麦芽是一个耗时的体力活，但相对于从书本上（或一篇杂志文章）学到的知识，这会让你获得无限的乐趣，也更有教育意义。深入了解麦芽是制作优质啤酒的关键。要真正了解麦芽制备过程，就必须亲手实操。

与商业制麦一样，家庭麦芽也分为三个基本步骤：浸麦，发芽和干燥。

浸麦是使相对干燥的大麦达到约45%的水分，从而可以发芽。在此期间，将大麦间歇性地浸泡在水中，然后排掉水静置。这些操作的顺序和时间取决于大麦的特性和制麦师的选择。监控大麦的水分在这个阶段至关重要。

在发芽过程中，幼嫩的叶芽从大麦内部开始生长，而根则向外部生长。这个生长过程中发生了许多物理和化学变化，使得麦芽能够用于酿酒。在这个阶段，水分依旧很重要，控制水分的目的是达到一定的溶解程度。这需要通过观察叶芽长势或叶芽从胚部向尖端生长的长度来评定。低溶解麦芽，叶芽长度只有麦粒的1/2~2/3；溶解良好的麦芽，叶芽长度可达麦粒的3/4以上。

干燥和焙烤麦芽可以终止麦芽生长，赋予麦芽多种风味。在大多数情况下，干燥首先在较低温度（37.7~48.8℃）下进行，并且只有在水分降至约10%之后才进行焙烤。焙烤的温度在很大程度上决定了麦芽的最终品质。

为完成每个工序并生产出自己的麦芽，所需的设备很大程度上取决于你想生产多少的麦芽。用小的塑料容器和其他常见的厨房器皿可以生产1~2磅

（0.45~0.91kg）的麦芽。对于更大的量，比如15磅（6.8kg）左右，则需要用酿酒师们才会用到的专业设备来生产。以下是家庭制麦所需的基本设备清单：

秤：0.1g称量精度，最大量程为200g的秤可用于测量水分。更大量程的秤则用于称量谷物和麦芽。

浸麦桶：可以将一个底部带孔的5加仑（18.9L）食用塑料桶套进另一个底部没有钻孔的5加仑（18.9L）桶中。这样，一个老式的"ZapPap"过滤桶就算做好了！

发芽床：铝制烤盘效果不错，其他浅的平底锅或塑料容器也行。如果你有一个特别干净的地下室，可以尝试将麦芽铺在地下室的地板上。不过大多数家庭制麦还是会选择一种容器来发芽。

家用空间加热器：适用于低温干燥小批量麦芽，可使食物脱水。

家用风扇：用于绿麦芽低温凋萎。

干燥炉：可以用厨房烤箱，但是可能很难准确控制温度。不过它已经是我们所能指望上的最好的工具了。有报道说有人使用过干衣机，但我没有用过（除了干衣功能）。

温度计：一支量程至少在7~100℃的精确温度计是很有用的。更高量程的温度计可在制作结晶或焙烤麦芽时用来更准确地测量温度。

商业和家庭制麦在理论上基本一致，但还是存在一些明显的差别。每一批大麦无论规模大小必须区别对待，小批量制麦比大批量制麦发芽更快，这可能是因为小批量制麦具有更强的通风效果。因此，制麦时间表只能作为参考而不能当作真理。必须靠味觉、嗅觉、触觉和视觉来决定何时进入下一个阶段。水分含量是评估制麦进度的一个量化指标。在正式讨论制麦三个阶段之前，首先要先讨论一下这一重要的指标。

水分含量的测定

水分含量，也称为浸麦度，可以通过两种方式检测。第一种是从一个生产批次中取出一点样品进行称重和干燥，然后再重新称重。这种方法可以用在任何时间和制麦的任何阶段。烘干但不灼烧麦粒是很容易做到的，我们称之为"干燥法"。

第二种方法是取小部分大麦作为样品放入一个预先钻过小孔的容器（称为Bernreuther）中，测量过程中每个步骤都会用到这个容器。在制麦开始前对麦粒进行称重并检测其初始的水分含量，在制麦过程中的任何时候可以通过再次称重来直接检测水分含量。这种方法有两个前提条件：第一，必须在整个过程中保持容器中麦粒数量相同。第二，样品中的麦粒必须与该生产批次的其他大麦采用完全相同的工艺进行制麦，以使它们能代表整个生产批次。这种方法我们称之为"直接法"。

在这两个检测水分含量的方法中，使用的公式是一样的：

公式1：（湿重−干重）/湿重×100 = 水分含量%

根据干燥法，将样品精确地称重，然后置于烘箱的烤盘或类似的装置中铺成薄层，并在100~104℃下加热3小时（注意在这个过程中，不能加热过度使谷物变成棕色或烧焦）。干燥完成后，再次对颗粒进行称重，并使用上述公式计算结果。

根据直接法，你需要首先用干燥法先测定大麦的水分含量。用干燥法检测过的大麦丢弃不用，再把另一些大麦放入Bernreuther（穿孔容器）中。注意，在浸麦过程中，颗粒会膨胀，体积比干大麦多了近50%的空间。取样后要尽快称重，称完再将其放回装置中。这样可以得到大麦水分含量和湿麦样品的重量。为了在制麦过程中使用公式1进行计算，需要先用公式2计算出样品的干重。

公式2：样品质量×（1−水分含量）=样品干重（水分含量用小数表示）

开始制麦后，可以从生产麦芽中取出Bernreuther装置，取出装置内的麦芽称重，再将它们按原样将装置和麦芽放回到生产麦芽中。每次称得的质量就是在公式1中的"湿重"，将公式2得到的"样品干重"用于公式1的计算。

直接法的主要优点在于，它可以在发芽期间对即时水分含量进行快速检测，而干燥法则需要耗时3个小时。此外，当小批量生产时，干燥法可能由于多次取样导致在生产结束时损失了过多的麦芽。

制麦阶段

既然大家已经熟悉了制麦过程中主要指标的定量检测方法，那么现在就可以讨论制麦的各个阶段了。

首先，浸麦使低水分的大麦达到约45%的水分，使其得以发芽。吸水量会受到以下几个因素的影响：浸麦时间、浸麦水温度、颗粒大小、大麦品种和制麦特性。

浸麦包括两个阶段：湿浸和干浸。湿浸时需要干净的凉水。干浸时排干水，使谷物能呼吸氧气并释放二氧化碳。

根据大麦的特性和制麦师的习惯，湿浸和干浸的时间和次数都有很大的差异。事实上，大多数制麦师会用小样先进行一些微麦试验，然后开始大批量的生产。这有助于他们确定最佳的湿浸/干浸时间和发芽条件。图1是在美国产"哈灵顿"大麦上成功应用的一些浸麦工艺。

以下是用Zap-Pap双桶式浸麦桶的基本步骤。首先，将大麦放入底部钻过孔的桶中。然后将该桶套入另一个不钻孔的桶中。用冷水（10~12.8℃）淹没大麦并用流水冲洗15分钟以去除杂质和浮麦。当大麦洗净后再用新鲜冷水浸泡。1个小时后，取出内层桶，将溶氧低的水倒掉，再将湿麦芽在两个桶之间来回倒几次以保证足够通风。然后再次用新鲜的冷水浸泡。

上述通风操作应该在第一次湿浸的前几个小时内每小时进行一次。大麦的水分在浸麦结束时可达30%。大麦浸泡后排掉水，将湿麦芽在浸泡的容器中翻倒，在无水的状况下进行第一次通风。

在干浸期间，麦粒继续吸收附在表面的水分，开始发芽。大麦呼吸会产生一定量的热和二氧化碳，表面慢慢变干。经常翻转湿麦芽并用冷水冲洗有利于通风和保持湿度。

在浸麦过程中要常用嗅觉、触觉和味觉检查大麦。任何时候都不应该能闻到或尝到酸味或腐臭味，而应当是干净的谷物味。发芽前期会有类似于黄瓜或未成熟苹果的气味，这标志着大麦发芽正常。

浸麦快结束时，大麦将出现萌发的第一个特征——露点。当你在麦粒的珠孔部位看到一个小白点或隆起物时，说明大麦已经露点了。这种白色的组织是大麦根的雏形。

如果大麦达到了目标水分，就可以进入发芽阶段了。

传统制麦的发芽是放在地板上进行的。但不可能把麦芽铺满家里的地板来发芽。这不仅会造成卫生问题，让家里人厌恶，而且你会发现家里的宠物会吃掉麦芽。

浅口的铝质烤盘或塑料箱（可在各地的超市和五金店购买）是少量大麦的理想发芽容器。将湿麦芽一层层铺到发芽盘上，铺到约2英寸（5cm）的厚度，然后你便可以静待乐趣发生了。

麦芽

在发芽过程中，浸麦时开始出现的露点生长迅速。为了防止麦粒缠连结块，必须每天至少两次轻柔地搅拌翻转麦芽。还要经常用冷水喷洒麦芽，以保持发芽所需的水分。最后，发芽温度还应保持在12.8~18.3℃。

发芽温度对麦芽的质量有很大的影响。虽然在更高的温度下，发芽速度更快。相比于现代制麦，那些使用地板式发芽的制麦师更倾向于低温发芽，他们认为较低的温度会得到更高质量的麦芽。因此，商业制麦必须两者兼顾：因为他们想用尽可能高的温度制造出优质麦芽，以提高麦芽的产量。

家庭制麦不应过分关注速度和经济性。低温有助于确保麦粒内水分分布均匀且更好地溶解。浸麦应保持在10~12.8℃，而发芽也应尽可能保持在12.8℃。增加翻麦频次，保持麦层厚度尽可能薄，用冷水喷洒以及将麦芽放置在凉爽的环境中，都有助于这一目标的实现。即使是很薄的麦层，发芽温度也比周围的空气温度高出2℃，因此监控麦芽温度而不是空气温度是很重要的。

有胚植物或胚芽利用贮存在胚乳中的淀粉作为营养进行生长。在绿麦芽中，可以从麦粒背部的皮壳内观察叶芽。叶芽长度与麦粒中发生的生化反应有关。这些反应被称为溶解。

叶芽生长的程度和溶解程度有相关性。叶芽越长，麦芽溶解度越高。制麦师通常在叶芽长度达到麦粒长度的75%~100%时停止发芽。

为了确定叶芽的平均长度，需要选取少量的麦粒并观察每一颗麦粒的叶芽。通常可以在皮壳外清晰地看到绿麦芽的叶芽。理想条件下，大部分叶芽的长度基本一致，但也不绝对。家庭制麦时，麦芽的叶芽长度可能参差不齐。如果以长势最慢的叶芽达到总长度的75%为控制参数，那么长势最快的叶芽就会生长过度。如果让叶芽过度生长，它将消耗大量的胚乳淀粉，从而大大降低酿酒师所期望的浸出率。总之，最好是在叶芽平均长到75%时检查一下麦粒断面再停止发芽。

如果大部分麦芽的叶芽较短，麦汁糖化时就需要采用蛋白休止工艺或采用煮出糖化工艺，以在糖化阶段获得尽可能多的浸出物。由于目前几乎所有的商品麦芽都已溶解良好，也就不再需要蛋白质休止了，因此自产低溶解麦芽是回归传统啤酒酿造的一种方法。

不同麦芽充分溶解所需的时间不同，从几天到一周不等。所以要不断检查麦芽长势，以确定何时停止发芽——这可以通过麦芽干燥来完成。

干燥工艺取决于麦芽类型和干燥的装备条件。高糖化力麦芽，比如比尔森麦芽和浅色麦芽，应先在较低的温度下将麦芽凋萎至约10%的水分，然后在65.6~85℃下焙烤。要在温度升至酶失活温度前，让麦芽尽可能地保持低水分。

家庭制麦最有效的凋萎方法是在温暖的室温下自然晾干至水分为10%左右。用空间加热器和家用风扇可将房间温度升至26.7~32.2℃，使热空气吹过绿麦芽完成凋萎。在不同的湿度环境下，大约要一天左右将麦芽凋萎至10%的水分。可用前面提到的方法来检测麦芽水分。

麦芽水分一旦降至10%，就可以在较高的温度下进行焙烤。目标色度决定了焙烤温度。大多数比尔森麦芽在不高于85℃的条件下焙烤4~8小时。在更高温度下焙烤更长的时间能够赋予麦芽更深的色度和更浓郁的焙烤风味。

在高温下长时间焙烤会使麦芽的糖化能力降低（或丧失）。如果麦芽到焙烤时还是潮湿状态，对糖化酶的活力损伤会更大。麦芽在凋萎和焙烤过程中要进行翻麦以确保干燥时麦温均匀。

当然，有的绿麦芽无需进行焙烤。色度极低的麦芽可以简单地在温暖的室温下进行干燥。这种极浅色的麦芽在有些气候环境下被称为风干麦芽或者晒干麦芽。虽然这种方法被早期的家酿所采纳，但它还是存在一些缺点。首先，这可能无法将麦芽完全干燥，以致难以保证贮存期内的生物稳定性。因此，未焙烤的麦芽应该在生产后的几个星期内使用完。其次，是对风味的影响，通常能在焙烤阶段去除的绿麦芽生青味在风干麦芽中则无法去除。是否要保留这种风味则取决于使用麦芽的酿酒师了。

制作结晶麦芽则更困难一些。要将绿麦芽在密闭的容器中加热至糖化温度（63~68℃），直到尝到其甜味（1~4小时）。这样麦芽胚乳中的淀粉就在容器中被充分糖化。再将甜麦芽加热至较高温度，并加强通风使其脱水干燥。温度越高，结晶麦芽的颜色就越深。麦粒内部将呈现出玻璃质般的断面，通常还比较难咬。到目前为止，我还没有总结出一套家庭生产结晶麦芽的技术。我制作的结晶麦芽看起来有点干瘪，但尝起来还是很美味的。新鲜的结晶麦芽值得每个酿酒师都去尝试。

焙烤麦芽（如维多利亚麦芽）和深度焙烤麦芽（如巧克力麦芽和黑麦芽等）都是在更高的温度下焙烤出来的。——必须要小心控制，不能使麦芽在焙烤过程中发生自燃或炭化。

在家庭中生产慕尼黑麦芽更加困难。因为需要对焙烤温度和麦芽水分进行更精准的控制。慕尼黑麦芽和结晶麦芽的生产原理相近，不同的是，慕尼黑麦芽需要采取相对低的温度，以保留大部分糖化酶的活力。

参考书目

[1]   American Malting Barley Association (AMBA). July 2014. *No Genetically Modifi ed (GM) Varieties Approved for Commercial Production in North America*. Milwaukee, WI. http://ambainc.org/content/58/gm-statement.

[2]   Anderson, P.M., E.A. Oelke, and S.R. Simmons. 1985. *Growth and Development Guide for Spring Wheat. University of Minnesota Agricultural Extension Folder AG-FO-2547*.

[3]   Baker, Julian L. 1905. *The Brewing Industry*. London: Methuen & Co.

[4]   Bamforth, Charles W. 2002. Standards of Brewing: *A Practical Approach to Consistency and Excellence*. Boulder, CO: Brewers Publications.

[5]   Bamforth, Charles W. 2006. *Scientifi c Principles of Malting and Brewing*. St. Paul, MN: American Society of Brewing Chemists.

[6]   Barnard, Alfred. 1977. *Bass & Co., Limited: As Described in Noted Breweries of Great Britain & Ireland*. Burton upon Trent: Bass Museum. Sir Joseph Causton and Sons.

[7]   Baverstock, James, and J. H. Baverstock. 1824. *Treatises on Brewing*. London: Printed for G. & W.B. Whittaker.

[8]   Beaven, E. S. 1947. *Barley, Fifty Years of Observation and Experiment.*

Foreword by Viscount Bledisloe. London: Duckworth.

[9]   *Beschreibende Sortenliste*. 2011. Bundessortenamt. Hannover: Dt.
       Landwirtsch.–Verlag.

[10] Bickerdyke, John. 1886. *The Curiosities of Ale & Beer: An
       Entertaining History*. London: Field & Tuer.

[11] Blenkinsop, P. 1991. "The Manufacture, Characteristics and Uses of
       Speciality Malts", *MBAA Technical Quarterly*, Vol. 28(4), 145–
       149. St. Paul, MN: MBAA.

[12] Briggs, D. E. *Malts and Malting*. 1998. 1st ed. London: Blackie
       Academic and Professional.

[13] Briggs, D.E, J.S. Hough, R. Stevens, and T.W. Young. 1981. *Malting
       and Brewing Science*. London: Chapman and Hall.

[14] Clark, Christine. 1978. *The British Malting Industry Since 1830*.
       London, U.K. Hambledon Press.

[15] Clark, George & Son Ltd. 1936. *Brewing: A Book of Reference*.
       Volumes 1, 2, 3,4,5,6. London.

[16] Clerck, Jean de. 1957. *A Textbook of Brewing Vol. 1. Vol. 1*. [S.l.].
       London: Chapman & Hall.

[17] Clerck, Jean de. 1958. *A Textbook of Brewing Vol. 2. Vol. 2*. [S.l.].
       London: Chapman & Hall.

[18] Colby, C., 2013. "German Wheat Beer III, Mashing and the Ferulic
       Acid Rest": http://beerandwinejournal.com/german–wheat–beer–
       iii/.

[19] Combrune, Michael. 1758. *An Essay on Brewing With a View of
       Establishing the Principles of the Art*. London: Printed for R. and J.
       Dodsley in Pall–Mall.

[20] Cook, A. H. 1962. *Barley and malt biology, biochemistry, technology*.
       New York: Academic Press.

[21] Coppinger, Joseph. 1815. *The American Practical Brewer and
       Tanner*. New York: Van Winkle and Wiley.

[22] Covzin, John, 2003. *Radical Glasgow: A Skeletal Sketch of
       Glasgows' Radical Traditions*. Glasgow: Voline Press. http://www.
       radicalglasgow.me.uk/strugglepedia/index.php?title=Glasgow,_City_
       of_Rebellion.

[23] Daniels, Ray. 1996. *Designing Great Beers: The Ultimate Guide to
       Brewing Classic Beer Styles*. Boulder, CO: Brewers Publications.

[24] Davies, Nigel. 2010. "Perception of Color and Flavor in Malt". *MBAA Technical Quarterly*. Vol. 47. St. Paul, MN: MBAA. Doi:10.1094/TQ-47-4-0823-01.

[25] Ellis, William. 1737. *The London and Country Brewer*. The 3rd ed. London: Printed for J. and J. Fox.

[26] Fincher, G.B. and Stone, B.A. 1993. "Physiology and Biochemistry of Germination in Barley." *Barley: Chemistry and technology.* eds. A.W. MacGregor and R.S. Bhatty. St. Paul, MN: American Association of Cereal Chemists, Inc. 247–95.

[27] Ford, William. 1862. *A Practical Treatise on Malting and Brewing*. London, U.K. Published by the Author.

[28] Forster, Brian. 2001. "Mutation Genetics of Salt Tolerance in Barley: An Assessment of Golden Promise and Other Semi–dwarf Mutants". *Euphytica*. 08–2001, Volume 120, Issue 3, Dordrecht, Netherlands: Kluwer, 2001. 317–328.

[29] Foster, T. and B. Hansen, "Is it Crystal or Caramel Malt?" *Brew Your Own, Nov.* 2013.

[30] Fuller, Thomas. 1840. *The History of the Worthies of England*. London, UK: Nuttall and Hodgson.

[31] Gretenhart, K. E. 1997. "Specialty Malts." *MBAA Technical Quarterly* Vol. 34 (2), 102–106. St. Paul, MN: MBAA.

[32] Gruber, Mary Anne. 2001. "The Flavor Contributions of Kilned and Roasted Products to Finished Beer Styles." *MBAA Technical Quarterly*, Vol. 38. St. Paul, MN: MBAA.

[33] Hardwick, William A. 1995. *Handbook of Brewing*. New York: M. Dekker.

[34] Harlan, Harry V. "A Caravan journey through Abyssinia", *National Geographic*, Volume XLVII, No. 6. June 1925.

[35] _____. 1957. *One man's life with barley, the memories and observations of Harry V.* Harlan. New York: Exposition Press.

[36] Harrison, William. 2006. *Description of Elizabethan England*, 1577. Whitefish, MT: Kessinger.

[37] Hayden, Brian, Neil Canuel, and Jennifer Shanse. 2013. "What Was Brewing in the Natufian? An Archaeological Assessment of Brewing Technology in the Epipaleolithic". *Journal of Archaeological Method and Theory*. 20 (1): 102–150.

[38] Hertsgaard, Karen. "Declining Barley Acreage", *MBAA Technical Quarterly*, Vol. 49, No. 1, 2012, pp. 25–27. St. Paul, MN: MBAA.

[39] Hieronymus, Stan. 2010. B*rewing with Wheat: The 'Wit' and 'Weizen' of World Wheat Beer Styles*. Boulder, CO: Brewers Publications.

[40] _____. 2012. *For the Love of Hops: The Practical Guide to Aroma, Bitterness, and the Culture of Hops*. Bolder, CO & Brewers Publications

[41] Hind, H. Lloyd. 1940. *Brewing: Science and Practice*. London: Chapman and Hall.

[42] Hopkins, Reginald Haydn, and Bertel Krause. 1937. *Biochemistry Applied to Malting and Brewing*. London: G. Allen & Unwin Ltd.

[43] Jalowetz, Eduard. 1931. *Pilsner Malz*. Wien: Verl. Institute für Gärungsindustrie.

[44] Johnson, D. Demcey, G. K. Flaskerud, R. D. Taylor, and V. Satyanarayana. 1998. *Economic Impacts of Fusarium Head Blight in Wheat*. Agricultural Economics Report No. 396, Department of Agricultural Economics. Fargo: North Dakota State University.

[45] Jones, B.L., 2005 "Endoproteases of Barley and Malt." *Journal of Cereal Science*, Vol. 42, 139–156.

[46] Katz, Solomon H., Fritz Maytag. 1991. "Brewing an Ancient Beer". *Archaeology*. 44 (4): (July/August 1991), 22–33.

[47] Kawamura, Sin'itiro. "Seventy Years of the Maillard Reaction." *ACS Symposium Series*. (April 29, 1983). American Chemical Society: Washington, DC. doi: 10.1021/bk–1983–0215.ch001. Accessed Oct. 28, 2012.

[48] Kunze, Wolfgang, Hans–Jürgen Manger, and Susan Pratt. 2010. *Technology: Brewing & Malting*. Berlin: VLB.

[49] Lancaster, H. M. 1936. *The Maltster's Materials and Methods*. London: Institute of Brewing.

[50] Leach, R., et al, 2002. "Effects of Barley Protein Content on Barley Endosperm Texture, Processing Condition Requirements, and Malt and Beer Quality", *MBAA Technical Quarterly*, 39(4). 191–202.

[51] Lekkas, C., Hill, A.E., Stewart, G.G., 2014 "Extraction of FAN from Malting Barley During Malting and Mashing", *Journal of the American Society of Brewing Chemists*. 72(1):6–11.

[52] Loftus, W. R. 1876. *The Maltster: A Compendious Treatise on the*

Art of Malting in All Its Branches. London: W.R. Loftus.

[53] MacGregor, A.W., Fincher, G.B. 1993. *Barley Chemistry and Technology*, Chapter 3 – Carbohydrates of the Barley Grain, American Association of Cereal Chemists.

[54] McCabe, John T, and Harold M. Broderick. 1999. *The Practical Brewer: A Manual for the Brewing Industry*. Wauwatosa, WI: Master Brewers Association of the Americas.

[55] McGee, Harold. 1992. *The Curious Cook*. London: HarperCollins.

[56] Moffatt, Riley. 1996. *Population History of Western U.S. Cities & Towns*, 1850–1990. Lanham: Scarecrow. 90.

[57] Morrison, W.R., 1993. *Barley Chemistry and Technology*, Chapter 5 – "Barley Lipids." American Association of Cereal Chemists.

[58] Mosher, Randy. 2009. *Tasting Beer: An Insider's Guide to the World's Greatest Drink*. North Adams, MA: Storey.

[59] Ockert, Karl. 2006. *Raw Materials and Brewhouse Operations*. St. Paul, Minn: Master Brewers Association of the Americas.

[60] Omond, George William Thomson. 1883. *The Lord Advocates of Scotland*. Edinburgh: Douglas.

[61] O'Rourke, T. 2002. "Malt Specifications & Brewing Performance." *The Brewer International.* Volume 2, Issue 10.

[62] Palmer, John J., and Colin Kaminski. 2013. *Water: A Comprehensive Guide for Brewers*. Boulder, CO: Brewers Publications.

[63] Pearson, Lynn. 1999. *British Breweries–An Architectural History*. London, U.K.: Hambledon Press.

[64] Piperno DR, E. Weiss, I. Holst, D. Nadel. 2004 "Processing of Wild Cereal Grains in the Upper Paleolithic Revealed by Starch Grain Analysis." *Nature.* 430: 670–673.

[65] Preece, Isaac. 1954. *The Biochemistry of Brewing*. Edinburgh: Oliver & Boyd.

[66] Priest, Fergus Graham, and Graham G. Stewart. 2006. *Handbook of Brewing*. Boca Raton: CRC Press.

[67] Quaritch, Bernard. 1883. The *Corporation of Nottingham, Records of the Borough of Nottingham:1399-1485*. Published under the authority of the Corporation of Nottingham. London.

[68] Riese, J.C., 1997. "Colored Beer as Color and Flavor." *MBAA Technical Quarterly*, Vol. 34(2), 91–95. St. Paul, MN: MBAA.

[69] Scamell, George, and Frederick Colyer. 1880. *Breweries and Maltings; Their Arrangement, Construction, Machinery, and Plant.* London: E. & F.N. Spon.

[70] Scheer, Fred. 1999. "Specialty Malt from the View of the Craft Brewer." *MBAA Technical Quarterly*, Vol. 36(2):215–217. St. Paul, MN: MBAA.

[71] Schwarz, Paul, Scott Heisel & Richard Horsley. 2012. "History of Malting Barley in the United States, 1600 – Present" *MBAA Technical Quarterly vol.* 49 (3). St. Paul, MN: MBAA.

[72] Sebree, B.R., 1997. "Biochemistry of Malting", *MBAA Technical Quarterly*, 34(3) 148–151. St. Paul, MN: MBAA.

[73] Serpell, James. 1995. *The Domestic Dog: Its Evolution, Behaviour, and Interactions with People.* Cambridge, U.K.: Cambridge University Press.

[74] Sharpe, Reginald R. (editor). 1899. "*Folios 181–192: Nov 1482. Calendar of letter-books of the city of London: L: Edward IV-Henry VII*". British History Online. http://www.british-history.ac.uk/report.aspx?compid=33657.

[75] Shewry, P.R. 1993. Barley Chemistry and Technology, Chapter 4 – Barley Seed Proteins. American Association of Cereal Chemists.

[76] Simpson, W. J. 2001. "Good Malt – Good Beer?" Proceedings of the 10th Australian Barley Technical Symposium. Canberra, Australia.

[77] Steel, James. 1878. *The Practical Points of Malting and Brewing.* Glasgow, Scotland. Published by the Author.

[78] Strong, Stanley. 1951. *The Romance of Brewing.* London: Review Press for the Crown Cork Co.

[79] Sykes, Walter John, and Arthur L. Ling. 1907. *The Principles and Practice of Brewing (Third Edition).* London: Charles Griffin & Co.

[80] Thausing, Julius, Anton Schwartz & A.H. Bauer. 1882. *The Theory and Practice of the Preparation of Malt and the Fabrication of Beer.* Philadelphia: H.C. Baird & Co.

[81] Thatcher, Frank. 1898. *Brewing and Malting Practically Considered.* Country Brewers' Gazette Ltd., London, U.K.

[82] Tizard, W. L. 1850. *The Theory and Practice of Brewing Illustrated.* London: Gilbert & Rivington.

[83] Tyron, Thomas. 1690. *A New Art of Brewing Beer, Ale, and Other*

Sorts of Liquors. London: Printed for Tho. Salusbury.

[84]   Vandecan, S.; Daems, N.; Schouppe, N.; Saison, D.; Delvaux, F.R. (2011). "Formation of Flavour, Color and Reducing Power during the Production Process of Dark Specialty Malts." *Journal of the American Society of Brewing Chemists.* 69 (3), 150–157.

[85]   Van Hook, Andrew. 1949. *Sugar, its Production, Technology, and Uses.* New York: Ronald Press Co.

[86]   Wahl, Arnold Spencer. 1944. *Wahl Handybook.* Chicago: Wahl Institute, Inc.

[87]   Wahl, Robert and Max Henius. 1908. *American Handy Book of the Brewing, Malting, and Auxiliary Trades, Volume Two.* Chicago: Wahl–Henius Institute.

[88]   White, Chris, and Jamil Zainasheff. 2010. *Yeast: The Practical Guide to Beer Fermentation.* Boulder, CO: Brewers Publications.

[89]   Wigney, George Adolphus. 1823. *A Philosophical Treatise on Malting and Brewing.* Brighton, England: Worthing Press.

参考书目